建筑机电安装施工作业要点卡片

给水排水工程

主编：张　强

中国建筑工业出版社

图书在版编目（CIP）数据

给水排水工程/张强主编. —北京：中国建筑
工业出版社，2018.5
（建筑机电安装施工作业要点卡片）
ISBN 978-7-112-21880-6

Ⅰ.①给… Ⅱ.①张… Ⅲ.①建筑工程-给水
工程②建筑工程-排水工程 Ⅳ.①TU82

中国版本图书馆 CIP 数据核字(2018)第 036705 号

建筑机电安装施工作业要点卡片
给水排水工程
主编：张 强
*
中国建筑工业出版社出版、发行（北京海淀三里河路 9 号）
各地新华书店、建筑书店经销
北京科地亚盟排版公司制版
廊坊市海涛印刷有限公司印刷
*
开本：850×1168 毫米 1/64 印张：2½ 字数：70 千字
2018 年 4 月第一版 2018 年 4 月第一次印刷
定价：**12.00** 元
ISBN 978-7-112-21880-6
(31798)

本书包括 10 部分，分别是：室内给水、室内排水、室内热水、卫生器具、室内供暖、室外给水、室外排水、室外供热、建筑中水及游泳池、供热锅炉等内容。本书针对给水排水专业中的关键工序进行编写，突出工序流程主线，明确工序作业中的安全、质量、环保等控制要点，具有重点突出、简明实用的特点。

本要点卡片主要面向施工作业人员，适用于班组作业人员培训和指导施工现场规范化标准化作业。同时，也可用于施工、监理、建设单位技术管理人员掌握工程施工工序要点，检查、监督、控制工程质量安全。

责任编辑：胡明安
责任设计：李志立
责任校对：李欣慰

编委会组成名单

编委会主任：况　勇
编委会副主任：熊启春
主　　　编：张　强
副　主　编：侯海莇　　王　杲　　黄伟铭
编委会成员：胡小辉　　王延虎　　薛宝刚
　　　　　　吕文斌　　罗爱民　　吴跃顺
　　　　　　张晓红　　陈　玲　　艾晓燕
　　　　　　张　慧

前　　言

　　为进一步推进建筑安装企业建筑机电业务现场管理和过程控制标准化工作，引导和指导工程技术人员在施工过程中更好地施行标准化作业，组织编写了《建筑机电安装施工作业要点卡片》丛书。

　　本要点卡片总结了当前建筑机电项目标准化管理经验，体现了深入推进现场管理和过程控制标准化的具体要求，以建筑机电工程现行质量验收标准、施工安全技术规程等为依据，针对机电工程主要专业中的关键工序进行编写，突出工序流程主线，明确工序作业中的安全、质量、环保等控制要点，具有重点突出、简明实用的特点。

　　本要点卡片主要面向施工作业人员，适用于班组作业人员培训和指导施工现场规范化标准化作业。同时，也可用于施工、监理、建设单位技术管理人员掌握工程施工工序要点，检查、监督、控制工程质量安全。

目　　录

8

1 室 内 给 水

1.1 给水管道及配件安装工序作业要点

卡片编码：室内给水 101，上道工序：土建交接。

序号	作业	前置任务	作业控制要点
1	安装准备	现场实地测量完成	认真熟悉施工图纸，根据施工方案确定的施工方法和技术交底的具体措施做好准备工作。参看有关专业设备图和装饰施工图，核对各种管道的坐标、标高是否有交叉。管道排列所用空间是否合理。有问题及时与设计和有关人员研究解决，办好变更洽商记录
2	管道支架制作安装	安装准备	(1) 管道支架、支座的制作应按照图样要求进行施工，代用材料应取得设计者同意。 (2) 管道支架的放线定位。首先根据设计要求定出固定支架和补偿器的位置；根据管道设计标高，把同一水平面直管段的两端支架位置画在墙上或柱上。根据两点间的距离和坡度大小，算出两点间的高度差，标在末端支架位置上；在两高差点拉一根直线，按照支架的间距在墙上或柱上标出每个支架位置。 (3) 管道支架安装方法：支架结构多为标准设计，可按国标图集《给水排水标准图集》S161 要求集中预制。结合实际情况可用栽埋法、膨胀螺栓法、射钉法、预埋焊接法、抱柱法安装

1

序号	作业	前置任务	作业控制要点
3	管道预制加工	管道支架制作安装	按设计图纸画出管道分路、管径、变径、预留管口、阀门位置等施工草图。在实际位置做上标记。按标记分段量出实际安装的准确尺寸，记录在施工草图上，然后按草图测得的尺寸预制加工，按管段及分组编号
4	干管安装（螺纹连接）	管道预制加工	管道的连接方式有螺纹连接、承插连接、法兰连接、粘接、焊接、热熔连接。管螺纹连接：管螺纹连接时，一般加填料，填料的种类有铅油麻丝、铅油、聚四氟乙烯生料带和一氧化铅甘油调合剂等几种。可根据介质的种类进行选择。断丝和缺丝总长不得超过全螺纹长度的10%。管螺纹连接要点：螺纹连接时，应在管端螺纹外面敷上填料，用手拧入2～3扣，再用管子钳一次装紧，不得倒回。装紧后应留有螺尾；管道连接后，应把挤至螺栓外面的填料清除掉。填料不得挤入管道，以免阻塞管路；一氧化铅与甘油混合后，需在10min内完成，否则就会硬化，不得再用。各种填料在螺纹里只能使用一次，若螺纹拆卸，重新装紧时，应更换新填料
5	立管安装	干管安装（螺纹连接）	(1)立管明装：每层从上至下统一吊线安装卡件，将预制好的立管按编号分层排列，按顺序安装，对好调直时的印记，丝扣外露2～3扣，清除麻头，校核预留甩口的高度、方向是否正确。外露丝扣和镀锌层破损处刷防锈漆。支管甩口均加带临时丝堵。立管阀门安装朝向应便于操作和修理。安装完后用线坠吊直找正，配合土建堵好楼板洞。

序号	作业	前置任务	作业控制要点
5	立管安装	干管安装（螺纹连接）	(2) 立管暗装：竖井内立管安装的卡件宜在管井口设置型钢，上下统一吊线安装卡件。安装在墙内的立管应在结构施工中预留管槽，立管安装后吊直找正，用卡件固定。支管的甩口应露明并加好临时丝堵
6	支管安装	立管安装	(1) 支管明装：从立管甩口依次逐段进行安装，根据管道长度适当加好临时固定卡，核定不同卫生器具的冷热水预留高度，上好临时丝堵。支管装有水表位置先装上连接管，试压后在交工前拆下连接管，换装水表。 (2) 支管暗装：确定支管高度后画线定位，剔出管槽，将预制好的支管敷在槽内，找平、找正定位后用勾钉固定。卫生器具的冷热水预留口要做在明处，加好丝堵
7	管道试压	支管安装	铺设、暗装、保温的给水管道在隐蔽前做好单项水压试验。管道系统安装完后进行综合水压试验。水压试验时放净空气，充满水后进行加压，当压力升到规定要求时停止加压，进行检查。如各接口和阀门均无渗漏，持续到规定时间，观察其压力下降在允许范围内，通知有关人员验收，办理交接手续
8	管道冲洗	管道试压	管道在试压完成后即可做冲洗，冲洗应用自来水连续进行，应保证有充足的流量。冲洗洁净后办理验收手续

序号	作业	前置任务	作业控制要点
9	管道防腐	管道冲洗	给水管道铺设与安装的防腐均按设计要求及国家验收规范施工，所有型钢支架及管道镀锌层破损处和外露丝扣要补刷防锈漆
10	管道保温	管道防腐	给水管道明装、暗装的保温有三种形式：管道防冻保温、管道防热损失保温、管道防结露保温。其保温材质及厚度均按设计要求，质量达到国家验收规范标准

1.2　室内消火栓系统安装工序作业要点

卡片编码：室内给水 102，上道工序：土建交接。

序号	作业	前置任务	作业控制要点
1	安装准备	现场实地测量完成	（1）认真熟悉经消防主管部门审批的设计施工图纸，编制施工方案，进行技术、安全交底。 （2）核对有关专业图纸，查看各种管道的坐标、标高是否存在排列位置不当，及时与设计人员研究解决，办理洽商手续。 （3）检查预埋件和预留洞是否准确。 （4）检查管材、管件、阀门、设备及组件等是否符合设计要求和质量标准。 （5）要安排合理的施工顺序

序号	作业	前置任务	作业控制要点
2	干管安装	安装准备	消火栓系统干管安装应根据设计要求使用管材。 (1) 管道在焊接前应清除接口处的浮锈、污垢及油脂。 (2) 不同管径的管道焊接，连接时，如两管径相差不超过小管径的 15%，可将大管端部缩口与小管对焊。如果两管相差超过小管径的 15%，应加工异径短管焊接。 (3) 管道对口焊缝上不得开口焊接支管，焊口不得安装在支架位置上。 (4) 管道穿墙处不得有接口（丝接或焊接）管道穿过伸缩缝处应有防冻措施。 (5) 碳素钢管开口焊接时要错开焊缝，并使焊缝朝向易观察和维修的方向上。 (6) 管道焊接时先点焊 3 点以上，然后检查预留口位置、方向、变径等无误后，找直、找正，再焊接、紧固卡件、拆掉临时固定件
3	立管安装	干管安装	(1) 立管暗装在竖井内时，在管井内预埋铁件上安装卡件固定，立管底部的支、吊架要牢固，防止立管下坠。 (2) 立管明装时，每层楼板要预留孔洞，以便立管可随结构穿入，以减少立管接口
4	消火栓及支管安装	立管安装	(1) 消火栓箱体要符合设计要求（其材质有木、铁和铝合金等），栓阀有单出口和双出口两种。产品均应有消防部门的制造许可证及合格证。

序号	作业	前置任务	作业控制要点
4	消火栓及支管安装	立管安装	（2）消火栓支管要以栓阀的坐标、标高定位甩口，核定后再稳固消火栓箱，箱体找正稳固后再把栓阀安装好，栓阀侧装在箱内时应在箱门开启的一侧，箱门开启应灵活。 （3）消火栓箱体安装在轻质隔墙上时，应有加固措施
5	水泵水箱水泵接合器安装	消火栓及支管安装	（1）消防水泵安装：水泵的规格型号应符合设计要求，水泵应采用自灌式吸水，水泵基础按设计图纸施工，吸水管应加减振接头。加压泵可不设减振装置，但恒压泵应加减振装置，进出水口加防噪声设施，水泵出口宜加缓闭式逆止阀。水泵配管安装应在水泵定位找平正、稳固后进行。水泵设备不得承受管道的重量。安装顺序为逆止阀、阀门依次与水泵紧牢，与水泵相接配管的一片法兰先与阀门法兰紧牢，再把法兰松开取下焊接，冷却后再与阀门连接好，最后再焊接与配管相连接的另一管段。 （2）配管法兰应与水泵、阀门的法兰相符，阀门安装手轮方向应便于操作，标高一致，配管排列整齐。 （3）高位水箱安装：应在结构封顶及塔吊拆除前就位，并应做满水试验，消防用水与其他共用水箱时应确保消防用水不被它用，留有10min的消防总用水量。与生活水合用时应使水经常处于流动状态，防止水质变坏。消防出水管应加单向阀（防止消防加压时，水进入水箱）。所有水箱管口均应预制加工，如果现场开口焊接，应在水箱上焊加强板。

序号	作业	前置任务	作业控制要点
5	水泵水箱水泵接合器安装	消火栓及支管安装	(4) 水泵接合器安装：规格应根据设计选定，有三种类型：墙壁型、地上型、地下型。其安装位置应有明显标志，阀门位置应便于操作，接合器附近不得有障碍物。安全阀应按系统工作压力定压，防止消防车加压过高破坏室内管网及部件，接合器应装有泄水阀
6	管道试压	水泵水箱、水泵接合器安装	消防管道试压可分层、分段进行，上水时最高点要有排气装置，高低点各装一块压力表，上满水后检查管路有无渗漏，如有法兰、阀门等部位渗漏，应在加压前紧固，升压后再出现渗漏时做好标记，卸压后处理。必要时泄水处理。试压环境温度不得低于 +5℃，当低于 5℃ 时，水压试验应采取防冻措施。当系统设计工作压力等于或小于 1.0MPa 时，水压强度试验压力应为设计工作压力的 1.5 倍，并不低 1.4MPa；当系统设计工作压力大于 1.0MPa 时，水压强度试验压力应为该工作压力加 0.4MPa。水压强度试验的测试点应设在系统管网最低点。对管网注水时，应将管网内的空气排净，并应缓慢升压，达到试验压力后，稳压 30min，目测管应无泄漏和无变形，且压力降不大于 0.05MPa，水压严密性试验应在水压强度试验和管网冲洗合格后进行。试验压力应为设计工作压力，稳压 24h，应无泄漏。试压合格后及时办理验收手续

序号	作业	前置任务	作业控制要点
7	管道冲洗	管道试压	管道冲洗：消防管道在试压完毕后可连续做冲洗工作；冲洗前先将系统中的流量减压孔板、过滤装置拆除，冲洗水质合格后重新装好，冲洗出的水要有排放去向，不得损坏其他成品
8	消火栓配件安装	管道冲洗	消火栓配件安装：应在交工前进行。消防水龙带应折放在挂架上或卷实、盘紧放在箱内，消防水枪应竖放在箱体内侧，自救式水枪和软管应放在挂卡上或放在箱底部。消防水龙带与水枪快速接头的连接，应使用配套卡箍锁紧。设有电控按钮时，应注意与电气专业配合施工
9	系统通水试调	消火栓配件安装	给水管道铺设与安装的防腐均按设计要求及国家验收规范施工，所有型钢支架及管道镀锌层破损处和外露丝扣要补刷防锈漆

1.3 给水设备安装工序作业要点

卡片编码：室内给水 103，上道工序：土建交接。

序号	作业	前置任务	作业控制要点
1	验收基础	技术准备	按移交基础资料结合设计图纸复核基础尺寸及螺栓孔或预埋螺栓尺寸。将基础表面清扫干净，地脚螺栓孔打毛，水冲洗并清理干净

序号	作业	前置任务	作业控制要点
2	水泵就位初平	验收基础	将水泵放在基础上，然后穿上地脚螺栓并带螺母，底座下地脚螺栓两侧放置垫铁（每组为平垫铁一块，斜垫铁2块），用水平尺初步找平，地脚螺栓内灌注混凝土
3	精平与抹平	水泵就位初平	待混凝土强度达到要求后进行精平，并拧紧地脚螺母，每组垫铁点焊固定，基础表面打毛，水冲洗后用水泥砂浆抹平。带联轴器的水泵安装时，需增加电动机就位与初平，调整联轴器同轴度等工艺环节。而后将水泵电动机的地脚螺栓孔灌满混凝土，待养护期过后复核联轴器的同心度。找正方法：中心找正：以水泵轴线为基准；标高找正：以水泵底为基准；吸水管连接：要平整、垂直、密封
4	加油盘车	精平与抹平	检查泵上油杯和往孔内注油，盘动联轴器，使水泵电动机转动灵活
5	试运转	加油盘车	将泵出水管上阀门关闭，随泵启动运转再逐渐打开，并检查有无异常，电动机温升、水泵运转、压力表及真空表的指针数值，接口严密程度符合标准规范要求

2 室 内 排 水

2.1 铸铁排水管道及配件安装工序作业要点

卡片编码：室内排水 201（1），上道工序：土建交接。

序号	作业	前置任务	作业控制要点
1	干管安装	现场实地测量完成	管道铺设安装： （1）在挖好的管沟底部用土回填到管底标高处铺设管道时，应将预制好的管段按照承口朝来水方向，由出水口处向室内顺序排列。挖好捻灰口用的工作坑，将预制好的管段徐徐放入管沟内，封闭堵严总出水口，做好临时支撑，按施工图纸的坐标、标高找好位置和坡度，以及各预留管口的方向和中心线，将管段承插口相连。 （2）在管沟内捻灰口前，先将管道调直、找正，用麻钎或薄捻凿将承插口缝隙找均匀，把麻打实，校直、校正，管道两侧用土培好，以防捻灰口时管道移位。 （3）将水灰比为 1∶9 的水泥捻口灰拌好后，装在灰盘内放在承插口下部，人跨在管道上，一手填灰，一手用捻凿捣实，添满后用手锤打，再填再打，将灰口打满打平为止。

序号	作业	前置任务	作业控制要点
1	干管安装	现场实地测量完成	(4) 捻好的灰口，用湿麻绳缠好养护或回填湿润细土掩盖养护。 (5) 管道铺设捻好灰口后，再将立管首层卫生洁具的排水预留管口，按室内地平线，坐标位置及轴线找好尺寸，接至规定高度，将预留管口临时封堵。 (6) 按照施工图对铺设好的管道坐标、标高及预留管口尺寸进行自检，确认准确无误后即可从预留管口处灌水做闭水试验，水满后观察水位不下降，各接口及管道无渗漏，经有关人员进行检查，并填写隐蔽工程验收记录。 (7) 管道系统经隐蔽验收合格后，临时封堵各预留管口，配合土建填堵孔洞，按规定回填土
2	托、吊管道安装	干管安装	(1) 安装在管道设备层内的铸铁排水干管可根据设计要求做托、吊架或砌砖墩架设。 (2) 安装托、吊管要先搭设架子，按托架按设计坡度栽好吊卡，量准吊杆尺寸，将预制好的管道托、吊牢固，并将立管预留口位置及首层卫生洁具的排水预留管口，按室内地平线，坐标位置及轴线找好尺寸，接至规定高度，将预留管口临时封堵。 (3) 托、吊排水干管在吊顶内者，须做闭水实验，按隐蔽工程办理验收手续

序号	作业	前置任务	作业控制要点
3	立管安装	托、吊管道安装	（1）根据施工图校对预留管洞尺寸有无差错，如系预制混凝土楼板，则须剔凿楼板洞，应按位置画好标记，对准标记剔凿。如需断筋，必须征得土建单位有关人员同意，按规定要求处理。 （2）立管检查口设置按设计要求。如排水支管设在吊顶内，应在每层立管上均装检查口，以便做闭水实验。 （3）立管支架在核查预留洞孔无误后，用吊线坠及水平尺找出各支架位置尺寸，统一编号进行加工，同时在安装支架位置进行编号，以便支架安装时，能按编号进行就位，支架安装完毕后进行下道工序。 （4）安装立管须两人上下配合，1人在上层楼板上，由管洞内投下一个绳头，下面1人将预制好的立管上半部拴牢，上拉下托将立管下部插口插入下层管承口内。 （5）立管插入承口后，下层的人把甩口及立管检查口方向找正，上层的人用木楔将管在楼板洞处临时卡牢，打麻、吊直、捻灰。复查立管垂直度，将立管临时固定卡牢。 （6）立管安装完毕后，配合土建用不低于楼板强度等级的混凝土将洞灌满堵实，并拆除临时固定。高层建筑或管井内，应按照设计要求设置固定支架，同时检查支架及管卡是否全部安装完毕并固定。

序号	作业	前置任务	作业控制要点
3	立管安装	托、吊管道安装	(7) 高层建筑管道立管应严格按设计装设补偿装置。 (8) 高层建筑采用辅助透气管，可采用辅助透气异型管件
4	支管安装	立管安装	(1) 支管安装应先搭好架子，将吊架按设计坡度安装好，复核吊杆尺寸及管线坡度，将预制好的管道托到管架上，再将支管插入立管预留口的承口内，固定好支管，然后打麻捻灰。 (2) 支管设在吊顶内，末端有清扫口者，应将清扫口接到上层地面上，便于清掏。 (3) 支管安装完后，可将卫生洁具或设备的预留管安装到位，找准尺寸并配合土建将楼板孔洞堵严，将预留管口临时封堵
5	灌水试验	支管安装	(1) 对标高低于各层地面的所有管口，接临时短管直至某层地面上。接管时，对承插接口的管道应用水泥捻口，对于横管上、地下（或楼板下）管道清扫口应加垫、加盖正式封闭。 (2) 通向室外的排出管管口，用大于或等于管径的橡胶堵管管胆，放进管口充气堵严。灌一层立管和地下管道时，用堵管管胆从一层立管检查口将上部管道堵严，再灌上层时，依次类推，按上述方法进行。 (3) 用胶管从便于检查的管口向管道内灌水。

序号	作业	前置任务	作业控制要点
5	灌水试验	支管安装	（4）从开始灌水时应设专人检查监视出户排水管口、地下扫除口等易跑水部位，发现堵盖不严或管道出现漏水时均应停止向管内灌水，立即进行整修，待管口堵塞，封闭严密或管道接口达到强度后，再重新开始灌水。 （5）管内灌水水面高出地面以后，停止灌水，记下管内水面位置和止灌水时间，并对管道、接口逐一进行观察。 （6）停止灌水 15min 后在未发现管道及接口渗漏的情况下再次向管道内灌水，使管内水面回复到停止灌水时的位置后第二次记下时间。 （7）施工人员、施工技术质量管理人员、建设单位有关的人员在第二次灌满水 5min 后，对管内水面共同进行检查，水面位置没有下降则管道灌水试验合格，应立即填写好排水管道灌水试验记录，有关检查人员签字盖章。 （8）检查中若发现水面下降则灌水试验没有合格，应对管道及各接口、堵口全面细致的检查、修复，排除渗漏因素后重新按上述方法进行灌水试验，直至合格。

序号	作业	前置任务	作业控制要点
5	灌水试验	支管安装	(9) 灌水试验合格后，从室外排水口放净管内存水。拆除灌水试验临时接的短管，恢复各管口原标高。用木塞、草绳等将管口临时堵塞封闭严密

2.2 塑料排水管道及配件安装工序作业要点

卡片编码：室内排水 201（2），上道工序：土建交接。

序号	作业	前置任务	作业控制要点
1	预制加工	现场实地测量完成	根据图纸要求并结合实际情况，按预留口位置测量尺寸，绘制加工草图，根据草图量好管道尺寸，进行断管。断口要平齐，用铣刀或刮刀除掉断口内外飞刺，外棱铣出 15°角。粘接前应对承插口先插入实验，一般为承口的 3/4 深度。试插合格后，用棉布将承插口须粘接部位的水分、灰尘擦拭干净。如有油污，须用丙酮清洗掉。用毛刷涂抹胶粘剂，先涂抹承口，后涂抹插口，随后用力垂直插入，插入粘接时将插口稍作转动，以利胶粘剂分布均匀，约 30s～1min 可粘接牢固，粘牢后立即将溢出的胶粘剂擦拭干净

序号	作业	前置任务	作业控制要点
2	干管安装	预制加工	首先根据设计图纸要求的坐标标高预留槽洞或预埋套管。埋入地下时，按设计坐标、标高、坡向、坡度开挖槽沟并夯实。采用托吊管安装时应按设计坐标、标高、坡向做好托、吊架。施工条件具备时，将预制加工好的管段，按编号运至安装部位进行安装。各管段粘连时也必须按粘接工艺依次进行。全部粘连后，管道要直，坡度均匀，各预留口位置准确。安装立管需装伸缩节，伸缩节上沿距地坪或蹲便台70~100mm。干管安装完后应做闭水试验，出口用充气橡胶堵封闭，达到不渗漏，水位不下降为合格。地下埋设管道应先用细砂回填至管上皮100mm，上覆过筛土，夯实时勿碰损管道。托吊管粘牢后再按水流方向找坡度。最后将预留口封严和堵洞
3	立管安装	干管安装	首先按设计坐标要求，将洞口预留或后剔，洞口尺寸不得过大，更不可损伤受力钢筋。安装前清理场地，根据需要支搭操作平台。将已预制好的立管运到安装部位。首先清理已预留的伸缩节，将锁母拧下，取出U形橡胶圈，清理杂物。复查上层洞口是否合适。立管插入端应先划好插入长度标记，然后涂上肥皂液，套上锁母及U形橡胶圈。安装时先将立管上端伸入上一层洞口内，垂直用力插入至标记为止（一般预留胀缩量为20~30mm）。合适后即用自制U形钢制抱卡紧固于伸缩节上沿。然后找正找直，并测量顶板距三通口中心是否符合要求。无误后即可堵洞，并将上层预留伸缩节封严

序号	作业	前置任务	作业控制要点
4	支管安装	立管安装	首先剔出吊卡孔洞或复查预埋件是否合适。清理场地，按需要支搭操作平台。将预制好的支管按编号运至场地。清除各粘接部位的污物及水分。将支管水平初步吊起，涂抹粘接部位的污物及水分。将支管水平初步吊起，涂抹胶粘剂，用力推入预留管口。根据管段长度调整好坡度。合适后固定卡架，封闭各预留管口和堵洞
5	器具连接管安装	支管安装	核查建筑物地面和墙面做法、厚度。找出预留口坐标、标高。然后按准确尺寸修整预留洞口。分部位实测尺寸做记录，并预制、加工、编号。安装粘接时必将预留管口清理干净再进行粘接。粘牢后找正、找直，封闭管门和堵洞。打开下一层立管扫除口，用充气橡胶堵封闭上部，进行闭水试验。合格后，撤去橡胶堵，封好扫除口

2.3 雨水管道及配件安装
工序作业要点

卡片编码：室内排水 202，上道工序：土建交接。

序号	作业	前置任务	作业控制要点
1	雨水铸铁管管道安装	技术准备	参考室内排水管道的安装
2	雨水塑料管管道安装	技术准备	参考室内排水管道的安装
3	雨水钢管管道安装	技术准备	(1) 管道在焊接前应清除接口处的浮锈、污垢及油脂。 (2) 当壁厚不大于 4mm，直径不大于 50mm 时应采用气焊焊接；壁厚不小于 4.5mm，直径不小于 70mm 时应采用电焊焊接。 (3) 不同管径的管道焊接，连接时如两管径相差不超过管径的 15%，可将大管端部缩口与小管对焊。如果两管相差超过小管径 15%，应加工异径短管焊接。 (4) 管材壁厚在 5mm 以上者应对管端焊口部位铲坡口，如用气焊加工管道坡口，必须除去坡口表面的氧化皮，并将影响焊接质量的凹凸不平处打磨平整。

序号	作业	前置任务	作业控制要点
3	雨水钢管管道安装	技术准备	（5）不得开口焊接支管，焊口不得安装在支吊架位置上。 （6）管道穿墙处不得有接口（丝接或焊接），管道穿过伸缩缝处应有防冻措施。 （7）碳素钢管开口焊接时要错开焊缝，并使焊缝朝向易观察和维修的方向上。 （8）焊接时先点焊 3 点以上，然后检查预留口位置、方向、变径等无误后，找直、找正，再焊接，坚固卡件，拆掉临时固定件

3 室内热水

3.1 室内热水管道及配件安装工序作业要点

卡片编码：室内热水 301，上道工序：土建交接。

序号	作业	前置任务	作业控制要点
1	预埋预留	现场实地测量完成	(1) 制作模具和埋件。1) 根据设计图纸，参照预留孔洞尺寸及位置图选定形式，并制作模具，模具材质可采用木砖或铁件。需用木盒子的地方，事先应用木块钉制成形，小孔洞也可采用相应尺寸的木方外包油毡纸代用。混凝土基础或墙中的套管用钢管切断后按要求尺寸进行加工。2) 墙上的木砖，按要求做好后，在木砖中心钉一个钉子，木砖一般用红松、白松、椴木等木料制成，刮出斜度，满刷防腐油。 (2) 放线、标记。1) 在钢筋绑扎前，按图纸要求的规格、位置、标高预留槽洞或预埋套管、铁件。若设计无规定，可先在钢筋下方的模板上按已知轴线及标高量尺并画出十字标记。两条十字标记拉线的交点即为预留孔洞、下木盒、套管及铁件的中心。2) 在砖墙上预留孔洞或预留管槽时，应根据管的位置和标高及轴线量出准确位置，以免出错。

序号	作业	前置任务	作业控制要点
1	预埋预留	现场实地测量完成	（3）安装模具、下预埋件。1）在混凝土墙或梁、板上安装模具必须按照标注的十字线安装。待支完模板后，在模板上锯出孔洞，将模具或套管钉牢或用铁丝绑靠在周围的钢筋上，并找平、找正。2）在基础墙上预埋套管时，按标高、位置在砌砖或砌石时镶入，找平、找正，用砂浆稳固。3）在混凝土或砖石基础中预埋防水套管时，两端应露出墙面一定长度，但不得小于30mm。4）混凝土捣制构件预埋管道支架时，应按图纸要求找准位置、标高。在支模时，将预埋件找平后固定在模板上。5）在楼板上预埋吊环，事先预制好预埋件。按图纸要求在模板上找好位置、尺寸，画出管路与墙相平行的直线。按规定间距确定吊架预埋件的个数及具体位置
2	套管制作与安装	预埋预留	（1）室内热水管道穿过楼板、梁、墙体、基础等处必须设置套管。套管应采用钢套管。 （2）穿过地下室或地下构筑物外墙处应采用刚性防水套管。翼环及刚套管加工完成后必须做防腐处理。刚性防水套管安装时，必须随同混凝土施工一次性浇固于墙（壁）内。套管内的填料应在最后充填，填料必须紧密捣实。 （3）凡受振动或有沉降伸缩处的进出水管的过墙（壁）套管应选用柔性防水套管。套管部分必须都浇固于混凝土墙内。 （4）套管管径比穿墙板的干管、立管管径大1～2号，一般套管内径不得超过管外径6mm。

序号	作业	前置任务	作业控制要点
2	套管制作与安装	预埋预留	(5) 过墙套管长度=墙厚+墙两面抹灰厚度，过楼板套管长度=楼板厚度+底板抹灰厚度+地面抹灰厚度+20mm（卫生间、厨房50mm），穿基础套管长度=基础厚度+30mm+30mm（两端各伸30mm）。 (6) 钢套管两端平齐，打掉毛刺，管内外除锈防腐。 (7) 套管安装：应随同干管、立管、支管的安装，将预制好的套管套在管道上，放在指定位置。过楼板的套管在套管上焊一横钢筋棍，担在预留孔的地面上，防止脱落。待干管、立管安装完找正后再调整好间隙加以固定，进行封固。楼板、隔墙和墙内的穿管孔隙在管道安装完成后按相关工艺进行支模填塞封堵。铜管过墙及穿楼板应加钢套管，套管内填加绝缘物。1）刚性套管安装：根据所穿构筑物的厚度及管径尺寸确定套管规格、长度，下料后套管内刷防锈漆一道。待主体结构钢筋扎好后，按照图纸几何尺寸找准位置，然后将套管准确定位，套管与附加筋焊接，附加筋与主筋绑扎牢，并做好套管的防堵工作。2）穿墙套管安装：在结构专业砌筑隔墙时，按专业施工图坐标、标高尺寸将套管置于隔墙中，用砌块找平后用砂浆固定，然后交给结构专业继续施工。3）防水套管：根据构筑物及不同介质的管道，按照设计及施工安装图册中的要求进行预制加工，将预加工好的套管在浇筑混凝土前按设计要求部位固定好，校对坐标、标高，平正合格后一次浇筑，待管道安装完毕后把填料塞紧捣实

序号	作业	前置任务	作业控制要点
3	预制加工	套管制作与安装	按设计图纸画(十)管道分路、管径、预留管口及阀门位置等施工草图，在实际安装的结构位置上做好标记，分段量出实际安装的准确尺寸，记录在施工草图上，然后按草图测得的尺寸预制加工，并按段分组编号。管道连接方式很多。有螺纹连接、焊接、法兰连接、热熔连接、电熔连接、卡套连接、沟槽连接、粘接、承插连接等
4	管道支、吊、托架及管卡安装	预制加工	(1) 选定支架形式。1) 在管道上不允许有任何位移的地方，应设置固定支托架。2) 允许管道沿轴线方向自由移动时设置活动支架。有托架和吊架两种形式。托架活动支架有简易式，U形卡只固定一个螺母。管道在卡内可自由伸缩。3) 托钩与管卡：托钩一般用于室内横支管、支管等的固定。立管卡用来固定立管，一般多采用成品。 (2) 确定支架数量，有坡度的管道可根据水平管道两端点间的距离及设计坡度计算出两点间的（高差），在墙上按标高确定此两点位置。根据各种管材对支架间距的要求，拉线画出每一个支架的具体位置。若土建施工时已预留孔洞、预埋铁件也应拉线放坡检查其标高、位置及数量是否符合要求。 (3) 计算料长：根据选定的形式和规格计算每个支架组合结构中各部分的料长。

23

序号	作业	前置任务	作业控制要点
4	管道支、吊、托架及管卡安装	预制加工	（4）支架制作：包括如下内容。1）型钢架下料、划线后切断，若用气割切断时，应及时凿掉毛刺，以便进行螺栓孔钻眼，不得气割成孔。型钢三脚架，水平单臂型钢支架栽入部分应用气割形成劈叉，栽入部分不小于120mm，型钢下料、切断，搬成设计角度后用电焊焊接。2）U形卡用圆钢制作。将圆钢调直、量尺、下料后切断，用圆扳压扳手将圆钢的两端套出螺纹，活动支架上的U形卡可套一头丝，螺纹的长度应套上固定螺栓后留出2～3扣为宜。3）吊架卡环制作：用圆钢或扁钢制作卡环时，穿螺栓杆的两个小圆环应保持圆、光、平，且两小环中心相对，并与大圆环相垂直。小环比所穿螺栓外圆稍大一点。各类吊架中各种吊环的内圆必须适合钢管的外圆，其对口部分应留出吊架空隙。4）吊架中吊杆的长度按实际决定。上螺杆加工成右螺纹，下螺杆加工成左螺纹，都和松紧螺栓相连接。 （5）支架安装：包括如下内容。1）型钢吊架安装。①在直段管沟内，按设计图纸和规范要求，测定好吊卡位置和标高，找好坡度，将吊架孔洞剔好，将预制好的型钢吊架放在洞内，复查好吊孔距沟边尺寸，用水冲净洞内砖渣灰面，再用C20细石混凝土或M20水泥砂浆填入洞内，塞紧抹平。②用22号铁丝或小线在型钢下表面吊孔中心位置拉直绷紧，把中间型钢吊架依次栽好。

序号	作业	前置任务	作业控制要点
4	管道支、吊、托架及管卡安装	预制加工	③按设计要求的管道标高、坡度结合吊卡间距、管径大小、吊卡中心计算每根吊杆长度并进行预制加工，待安装管道时使用。2）型钢托架安装。①安装托架前，按设计标高计算出两端的管底高度，在墙上或沟壁上放出坡线，或按土建施工的水平线，上下量出需要的高度，按间距画出托架位置标记，剔凿全部墙洞。②用水冲净两端孔洞，将 C20 细石混凝土或 M20 水泥砂浆填入洞深的一半，再将预制好的型钢托架插入洞内，用碎石塞住，校正卡孔的距离尺寸和托架高度，将托架栽平，用水泥砂浆将孔洞填实抹平，然后在卡孔中心位置拉线，依次把中间托架栽好。③U形活动卡架一头套丝，在型钢托架上下各安装一个螺母，而 U 形固定卡架两头套丝，各安装一个螺母，靠紧型钢在管道上焊两块止动钢板。3）双立管卡安装。①在双立管位置中心的墙上画好卡位印记，其高度是：层高 3m 及以下者为 1.4m，层高 3m 以上者为 1.8m，层高 4.5m 以上者平分三段栽两个管卡。②按印记直径 60mm 左右，深度不小于 80mm 的洞，用水冲净洞内杂物，将 M50 水泥砂浆填入洞深的一半，将预制好 $\phi10 \times 170mm$ 带燕尾的单头丝棍插入洞内，用碎石卡牢找正，上好管卡后再用水泥砂浆填塞抹平。4）立支单管卡安装：先将位置找好，在墙上画好印记，剔直径 60mm 左右，深度 100～120mm 的洞，卡子距地高度和安装工艺与双立管卡相同

序号	作业	前置任务	作业控制要点
5	室内地下热水管道安装	管道支、吊、托架及管卡安装	(1) 定位：依据土建给定的轴线及标高线，结合立管坐标，确定地下热水管道的位置。根据已确定的管道坐标与标高，从引入管开始沿管道走向，用米尺量出引入管至干管及各立管间的管段尺寸，并在草图上做好标注。 (2) 管道安装。1) 对选用的管材、管件做相应的质量检查，合格后清除管内污物。管道上的阀门，当管径小于或等于50mm时，宜采用截止阀；大于50mm时，宜采用闸阀。2) 根据各管段长度及排列顺序，预制地下热水管道。预制时注意量准尺寸，调准各管件方向。3) 引入管直接和埋地管连接时应保证必要的埋深。塑料管的埋深不能小于300mm。其室外部分埋深由土的冰冻深度及地面荷载情况决定，一般埋深应在冰冻线以下20cm。且管顶覆土厚度不小于0.7~1.0m。4) 引入管穿越基础孔洞时，应按规定预留好基础沉降量（≥100mm），并用黏土将孔洞空隙填实，外抹M5水泥砂浆封严。塑料管在穿基础时应设置金属套管。套管与基础预留孔上方净空高度不小于100mm。5) 地下热水管道宜有0.002~0.005的坡度，坡向引入管入口处。引入管应装有泄水阀门，一般泄水阀门设置在阀门井或水表井内。6) 管段预制后，待复核支、托架间距、标高、坡度、塞浆强度均满足要求时，用绳索或机具将其放入沟内或地沟内的支架上，

序号	作业	前置任务	作业控制要点
5	室内地下热水管道安装	管道支、吊、托架及管卡安装	核对管径、管件及其朝向、坐标、标高、坡度无误后，由引入管开始至各分岔立管阀门止，连接各接口。7）在地沟内敷设时，依据草图标注，装好支、托架。8）立管甩头时，应注意立管外皮距墙装饰面的间距
6	立管安装	室内地下热水管道安装	(1) 修整、凿打楼板穿管孔洞：根据地下铺设的给水管道各立管甩头位置，在顶层楼地板上找出立管中心线位置，先打出一个直径 20mm 左右的小孔，用线坠向下层楼板吊线，找出中心位置打小孔。依次放长线坠向下层吊线，直至地下给水管道立管甩头处，核对修整各层楼板孔洞位置。开扩修整楼板孔洞，使各层楼板孔洞的中心位置在一条垂线上，且孔洞直径应大于要穿越的立管外径 20～30mm，如遇上层墙减薄，使立管距墙过远时，可调整往上板孔中心位置，再扩修整使立管中心距一样。(2) 量尺、下料：确定各立管上所带的各横支管位置。根据图纸和有关规定，按土建给定的各层标高线来确定各横支管位置与中心线，并将中心线标高划在靠近立管的墙体上。用木尺杆或米尺由上至下，逐一量准各立管所带各横支管中心线标高尺寸，然后记录在木尺杆或草图上，直至一层甩头阀门处。按量记的各层立管尺寸下料。

序号	作业	前置任务	作业控制要点
6	立管安装	室内地下热水管道安装	(3) 预制、安装：预制时尽量将每层立管所带的管件、配件在操作台上安装。在预制管段时要严格找准方向。在立管调直后可进行主管安装。安装前应先清除立管甩头处阀门的临时封堵物，并清净阀门丝扣内和预制管腔内的污物泥沙等。按立管编号，从一层阀门处往上，逐层安装给水立管。并从 90°的两个方向用线坠吊直给水立管，用铁钎子临时固定在墙上。 (4) 装立管卡具、封堵楼板眼：按管道支架制作安装工艺装好管卡具。对穿越热水立管周围的楼板孔隙可用水冲洗湿润孔洞四周，吊模板，再用不小于楼板混凝土强度等级的细石混凝土灌严、捣实，待卡具及堵眼混凝土达到强度后拆模。在下层楼板封堵完后可按上述方法进行上一层立管安装。如遇墙体变薄或上下层墙体错位，造成立管距墙太远时，可采用冷弯灯叉弯或用弯头调整立管位置。再逐层安装至最高层给水横支管位置处
7	支管安装	立管安装	(1) 修整、凿打楼板穿管孔洞。1) 根据图纸设计的横支管位置与标高，结合各类用水设备进水口的不同情况，按土建给定的地面水平线及抹灰层厚度，排尺找准横支管穿墙孔洞的中心位置，用十字线标记在墙面上。2) 按穿墙孔洞位置标记开扩修整预留孔洞，使孔洞中心线与穿墙管道中心线吻合。且孔洞直径应大于管外径 20～30mm。

序号	作业	前置任务	作业控制要点
7	支管安装	立管安装	（2）量尺、下料。1）由每个立管各甩头处管件起，至各横支管所带卫生器具和各类用水设备进水口位置上，量出横支管各管段间的尺寸，记录在草图上。2）按设计要求选择适宜管材及管件，并清除管腔内污杂物。3）根据实际测量的尺寸下料。 （3）预制安装。1）根据横支管设计排列情况及规范规定，确定管道支吊托架的位置与数量。2）按设计要求或规范规定的坡度、坡向及管道中心与墙面距离，由立管甩头处管件口底皮挂横支管的管底皮位置线。再依据位置线标高和支吊托架的结构形式，凿打出支吊托架的墙眼。一般墙眼深度不小于120mm。应用水平尺或线坠等，按管道底皮位置线将已预制好的支吊托架涂刷防锈漆后，将支架栽牢、找平、找正。3）按横支管的排列顺序，预制出各横支管的各管段，同时找准横支管上各甩头管件的位置与朝向。4）待预制管段预制完成，所栽支、吊托架的塞浆达到强度后，可将预制管段依次放在支、吊托架上，连接、调直好接口，并找正各甩头管件口的朝向，紧固卡具，固定管道，将敞口处做好临时封堵。5）用水泥砂浆封堵穿墙管道周围的孔洞，注意不要突出抹灰面。

序号	作业	前置任务	作业控制要点
7	支管安装	立管安装	（4）连接各类用水设备的短支管安装。1）安装各类用水设备的短支管时，应从热水横支管甩头管件口中心吊一线坠，再根据用水设备进水口需要的标高量取短管尺寸，并记录在草图上。2）根据量尺记录选管下料，接至各类用水设备进水口处。3）栽好必需的管道卡具，封堵临时敞口处
8	配件安装	支管安装	（1）阀门安装。1）安装前，应仔细检查核对型号与规格，是否符合设计要求。检查阀杆和阀盘是否灵活，有无卡阻和歪斜现象，阀盘必须关闭严密。2）阀门安装前，必须先对阀门进行强度和严密性试验，不合格的不得进行安装。阀门试验规定如下：试验在每批数量中抽查10%，但不少于1个。对于安装在主干管上起切断作用的闭路阀门，应逐个试验。3）阀门的强度和严密性试验应用洁净水进行。强度试验压力为公称压力的1.5倍，试验时间不少于5min，壳体、填料无渗漏为合格。严密性试验压力为公称压力的1.1倍。并做好试验记录。以阀瓣密封面不漏为合格。4）公称压力小于1MPa，且公称直径大于或等于600mm的闸阀可不单独进行水压强度和严密性试验。强度试验在系统试压时按管道的试验压力进行，严密性试验可用色印方法对闸板密封面进行检查，接合面应连续。

序号	作业	前置任务	作业控制要点
8	配件安装	支管安装	5）对焊阀门的严密性试验应单独进行，强度试验一般可在系统试验时进行。严密性试验不合格的阀门，须解体检查并重新做试验。合金钢阀门应逐个对壳体进行光谱分析，复查材质。合金钢及高压阀门每批取 10%，且不少于一个，解体检查阀门内部零件，如不合格，则须逐个检查。6）解体检查的阀门质量应符合下列要求：①合金钢阀门的内部零件进行光谱分析，材质正确；②阀座与阀体接合牢固；③阀芯与阀座的接合良好，并无缺陷；④阀杆与阀芯的连接灵活、可靠；⑤阀杆无弯曲、锈蚀，阀杆与填料压盖配合适度，螺纹无缺陷；⑥阀盖与阀体接合良好，垫片、填料、螺栓等齐全，无缺陷。7）阀件检查工序如下：①拆卸阀门（阀芯不从阀杆上卸下）；②清洗、检查全部零件并润滑活动部件；③组装阀门，包括装配垫片、密封填料及检查活动部件是否灵活好用；④修整在拆卸、装配时所发现的缺陷；⑤要求斜体阀门必须达到合金钢阀门的要求。8）试验合格的阀门，应及时排尽内部积水，密封面应涂防锈油（需脱脂的阀门除外），关闭阀门，封闭出入口。

序号	作业	前置任务	作业控制要点
8	配件安装	支管安装	9) 水平管道上的阀门，阀杆宜垂直或向左右偏45°，也可水平安装。但不宜向下；垂直管道上阀门、阀杆必须顺着操作巡回线方向安装；阀门安装时应保持关闭状态，并注意阀门的特性及介质流向。阀门与管道连接时，不得强行拧紧法兰上的连接螺栓；对螺纹连接的阀门，其螺纹应完整无缺，拧紧时宜用扳手卡住阀门一端的六角体。10) 各阀门安装要点：①安装螺纹阀门时，一般应在阀门的出口处加设一个活接头。②对具有操作机构和传动装置的阀门，应在阀门安装好后，再安装操作机构和传动装置，且在安装前先对它们进行灌洗，安装完后还应将它们调整灵活，指示准确。③截止阀安装时必须注意流体的流动方向。④闸阀不宜倒装。闸门吊装时，绳索应拴在法兰上，切勿拴在手轮或阀件上，以防折断阀杆。明杆阀门不能装在地下，以防止阀杆锈蚀。⑤止回阀有严格的方向性，安装时除注意阀体所标介质流动方向外，还须注意：安装升降式止回阀时应水平安装，以保证阀盘升降灵活与工作可靠；摇板式止回阀安装时，应注意介质的流动方向，只要保证摇板的旋转枢纽呈水平，可安在水平或垂直的管道上

序号	作业	前置任务	作业控制要点
8	水压实验	配件安装	热水供应系统安装完毕，管道保温之前应进行水压试验。试验压力应符合设计要求。当设计未注明时，热水供应系统水压试验压力应为系统顶点的工作压力加 0.1MPa，同时在系统顶点的试验压力不小于 0.3MPa。钢管或复合管道系统试验压力下 10min 内压力降不大于 0.02MPa，然后降至工作压力检查，压力应不下降，且不渗、不漏；塑料管道系统在试验压力下稳压 1h，压力降不得超过 0.05MPa，然后在工作压力 1.15 倍状态下稳压 2h，压力降不得超过 0.03MPa，连接处不得渗漏。铜管试验压力的取值，我国尚无规范。国外铜管水压试验压力为 1MPa，持续时间 1h，管接口不渗漏为合格。气压试验压力为 0.3MPa，持续时间 0.5h，用肥皂水抹在管接口上，未发现鼓泡为合格。试压步骤如下。 (1) 向管道系统注水：以水为介质，由下而上向系统送水。当注水压力不足时，可采取增压措施。注水时需将给水管道系统最高处用水点的阀门打开，待管道系统内的空气全部排净见水后，再将阀门关闭，此时表明管道系统注水已满。

序号	作业	前置任务	作业控制要点
8	水压实验	配件安装	(2) 向管道系统加压：管道系统注满水后，启动加压泵使系统内水压逐渐升高，先升至工作压力，停泵观察，当各部位无破裂、无渗漏时，再将压力升至试验压力。钢管或复合管道系统试验压力下 10min 内压力降不大于 0.02MPa，然后降至工作压力检查，压力应不降，且不渗不漏；塑料管道系统在试验压力下稳压 1h，压力降不得超过 0.05MPa，然后在工作压力 1.15 倍状态下稳压 2h，压力降不得超过 0.03MPa，连接处不得渗漏。 (3) 泄水：热水管道系统试压合格后，应及时将系统低处的存水泄掉，防止积水冬季冻结破坏管道
9	冲洗与消毒	水压实验	热水供应系统竣工后必须进行冲洗。 (1) 吹洗条件室内热水管路系统水压试验已做完。各环路控制阀门关闭灵活可靠。临时供水装置运转正常，增压水泵工作性能符合要求。冲洗水放出时有排出的条件。水表尚未安装，如已安装应卸下，用直管代替。冲洗后再复位。 (2) 冲洗工艺：先冲洗热水管道系统底部干管，后冲洗各环路支管。由临时供水入口向系统供水。关闭其他支管的控制阀门，只开启干管末端支管最底层的阀门，由底层放水并引至排水系统内。观察出水口处水质的变化。底层干管冲洗后再依次吹洗各分支环路。直至全系统管路冲洗完毕为止。冲洗时技术要求如下：1) 冲洗水压应大于热水系统供水工作压力。2) 出水口处的管道截面不得小于被冲洗管径截面的 3/5。3) 出水口处的排水流速不小于 1.5m/s

3.2 辅助设备安装工序作业要点

卡片编码：室内热水 302，上道工序：管道安装。

序号	作业	前置任务	作业控制要点
1	膨胀水箱安装	技术准备	(1) 验核水箱基础水箱安装前，检查和核对水箱基础或支架的位置、标高、尺寸和强度。按设计要求进行量尺画线，在基础上做出安装位置的记号。水箱底部所垫的枕木应刷沥青防腐处理。其断面尺寸、根数、安装间距必须符合设计。 (2) 水箱安装水箱基础验收合格后，方可将膨胀水箱就位。膨胀水箱多用钢板焊制而成，根据水箱间的情况而异，可以预制后吊装就位，也可将钢板料下好后运至安装场地就地焊制组装。水箱安装过程中必须吊线找平，找正。水箱基础表面应找平，水箱安装后应与基础接触紧密。安装位置正确，端正平稳。膨胀水箱安装后应进行满水试验，合格后方可保温。

续表

序号	作业	前置任务	作业控制要点
1	膨胀水箱安装	技术准备	(3) 膨胀水箱接管。1) 膨胀水箱的接管及管径按设计要求选用。2) 各配管的安装位置。膨胀管：在重力循环系统中接至供水总立管的顶端。在机械循环系统中接至系统的恒压点。循环管：接至系统定压点前 2~3m 水平回水干管上。以防水箱结冰。信号检查管：接向建筑物的卫生间。溢流管：当水膨胀使系统内水的体积超过水箱溢水管口时，水自动溢出，不能直接连接下水管。排水管：清洗水箱及放空用，可与溢流管一起接至附近排水处。 (4) 水箱保温：膨胀水箱安装在非供暖房间时应在满水试验合格后进行保温。保温材料及方法按设计要求
2	水泵安装	技术准备	适合于室内热水供应系统的泵有立式、卧式、角式、管道泵等。 (1) 立式泵：有刚性连接安装和柔性连接安装两种方式，每种又各有两种不同的安装组合。 1) 刚性连接安装：①直接安装：将泵直接安装在水泥基础上。②配连接板安装：将泵装在连接板上，再一起安装在基础上。2) 柔性连接安装：①配连接板加隔振器安装：将泵装在连接板上，连接板与隔振器用螺栓连接在一起，隔振器用膨胀螺栓固定在水泥基础上。②配连接板加隔振垫安装：将泵装在连接板上，连接板用螺栓固定在基础上，连接板与基础中间放隔振垫，适用于小于 7.5kW 电动机的泵。

36

序号	作业	前置任务	作业控制要点
2	水泵安装	技术准备	(2) 卧式泵：可以直接安装在水泥基础上，也可以采用隔振器安装。安装方法同立式泵。 (3) 角式泵：安装方式同立式泵。水泵就位前应对基础混凝土强度、坐标、标高、尺寸和螺栓孔位置进行复核验收。然后进行开箱检查并做好记录。水泵就位后根据标准要求找平、找正，然后进行管道附件安装，最后进行调试。调试程序如下：1) 调试前检查电动机的转向是否与水泵转向一致，各固定连接部位有无松动，各指示仪表、安全保护装置及电控装置是否灵敏、准确可靠。2) 泵运转时，检查转子及各运动部件运转是否正常，有无异常声响和摩擦现象。3) 检查附属系统运转是否正常，管道连接是否牢固无渗漏。4) 以上检查合格后，在设计负荷下连续运转不少于 2h，运转中不应有异常振动和声响，各密封处不得泄漏，紧固连接部位不应松动。滑动轴承的最高温度不得超过 70℃，滚动轴承的最高温度不得超过 75℃。做好试运转记录。5) 水泵试运转结束后将水泵出入口的阀门关闭，排净泵内的积水以防锈蚀
3	热交换器安装	技术准备	见换热站安装工序作业要点

3.3 防腐施工工序作业要点

卡片编码：室内热水 303，上道工序：管道与设备安装。

序号	作业	前置任务	作业控制要点
1	去污除锈	准备工作	除锈方法有人工除锈、机械除锈、喷砂除锈。金属管道表面去污除锈去污方法、适用范围、施工要点详按相关要求执行
2	调配涂料	去污除锈	工程中用漆种类繁多，底、面漆不相配会造成防腐失败。 (1) 根据设计要求按不同管道、不同介质、不同用途及不同材质选择油漆涂料。 (2) 管道涂色分类：管道应根据输送介质选择漆色，如设计无规定，按相关要求选择涂料颜色。 (3) 将选好的油漆桶开盖，根据原装油漆稀稠程度加入适量稀释剂。油漆的调和程度要考虑涂刷方法，调和至适合手工涂刷或喷涂的稠度。喷涂时，稀释剂和油漆的比可为 1∶(1～2)。用棍棒搅拌均匀，可以刷，不流淌，不出刷纹为准，即可准备涂刷

序号	作业	前置任务	作业控制要点
3	刷或喷涂施工	调配涂料	（1）手工涂刷：用油刷、小桶进行。每次油刷沾油要适量，不要弄到桶外，污染环境。手工涂刷要自上而下、从左到右、先里后外、先斜后直、先难后易、纵横交错地进行。漆层厚薄均匀一致，不得漏刷和漏挂。多遍涂刷时每遍必须在上一遍涂膜干燥后才可涂刷第二遍。 （2）浸涂：用于形状复杂的物件防腐。把调和好的漆倒入容器或槽里，然后将物件浸在涂料液中，浸涂均匀后抬出涂件，搁置在干净的排架上，待第一遍干后，再浸涂第二遍。 （3）喷涂法：常用的有压缩空气喷涂、静电喷涂、高压喷涂
4	养护	刷或喷涂施工	（1）油漆施工条件：不应在雨天、雾天、露天和0℃以下环境施工。 （2）油漆涂层的成膜养护：溶剂挥发型涂料靠溶剂挥发干燥成膜，温度为15～250℃。氧化-聚合型涂料成膜分为溶剂挥发和氧化反应聚合阶段才达到强度。烘烤聚合型的磁漆只有烘烤养护才能成膜。固化型涂料分常温固化和高温固化满足成型条件

3.4 绝热保温施工工序作业要点

卡片编码：室内热水 304，上道工序：管道与设备防腐。

序号	作业	前置任务	作业控制要点
1	管道胶泥结构涂抹保温	技术准备	(1) 配制与涂抹：先将选好的保温材料按比例秤量并混合均匀，然后加水调成胶泥状，准备涂抹使用。不大于 DN40 时保温层厚度较薄，可以一次抹好。大于 DN40 时可分几次抹。第一层用较稀的胶泥散敷，厚度一般为 2～5mm；待第一层完全干燥后再涂抹第二层，厚度为 10～15mm；以后每层厚度均为 15～25mm。达到设计要求的厚度为止。表面要抹光，外面再按要求做保护层。 (2) 缠草绳：根据设计要求，在第一层涂抹后缠草绳，草绳间距为 5～10mm，然后再于草绳上涂抹各层石棉灰，达到设计要求的厚度为止。 (3) 缠镀锌铁丝网：保温层的厚度在 100mm 以内时，可用一层镀锌铁丝网缠于保温管道外面。若厚度大于 100mm 时可做两层镀锌铁丝网。 (4) 加温干燥：施工时环境温度不得低于 0℃，为加快干燥，可在管内通入高温介质（热水或蒸汽），温度应控制在 80～150℃。

序号	作业	前置任务	作业控制要点
1	管道胶泥结构涂抹保温	技术准备	（5）法兰、阀门保温时两侧必须留出足够的间隙（一般为螺栓长度加30～50mm），以便拆卸螺栓。法兰、阀门安装紧固后再用保温材料填满充实做好保温。 （6）管道转弯处，在接近弯曲管道的直管部分应留出20～30mm的膨胀缝，并用弹性良好的保温材料填充。 （7）高温管道的直管部分每隔2～3m，普通供热管道每隔5～8m设膨胀缝，在保温层及保护层留出5～10mm的膨胀缝中填以弹性良好的保温材料
2	棉毡缠包保温	技术准备	先将成卷的棉毡按管径大小裁剪成适当宽度的条带（一般为200～300mm），以螺旋状包缠到管道上。边缠边压边抽紧，使保温后的密度达到设计要求。当单层棉毡不能达到规定保温层厚度时，可用两层或三层分别缠包在管道上，并将两层接缝错开。每层纵横向接缝处必须紧密接合，纵向接缝应放在管道上部，所有缝隙要用同样的保温材料填充。表面要处理平整、封严。保温层外径不大于500mm时，在保温层外面用直径为1.0～1.2mm的镀锌铁丝绑扎，绑扎间距为150～200mm，每处绑扎的铁丝应不小于两圈。当保温层外径大于500mm时，还应加镀锌铁丝网缠包，再用镀锌铁丝绑扎牢。如果使用玻璃丝布或油毡做保护层时就不必包铁丝网了

序号	作业	前置任务	作业控制要点
3	矿纤预制品绑扎保温	技术准备	保温管壳可以用直径 1.0~1.2mm 镀锌铁丝等直接绑扎在管道上。绑扎保温材料时应将横向接缝错开，采用双层结构时，双层绑扎的保温预制品内外弧度应均匀并盖缝。若保温材料为管壳，应将纵向接缝设置在管道的两侧。 用镀锌铁丝或丝裂膜绑扎带时，绑扎的间距不应超过 300mm，并且每块预制品至少应绑扎两处，每处绑扎的铁丝或带不应少于两圈。其接头应放在预制品的纵向接缝处，使得接头嵌入接缝内。然后将塑料布缠绕包扎在壳外，圈与圈之间的接头搭接长度应为 30~50mm，最后外层包玻璃丝布等保护层，外刷调和漆
4	非纤维材料的预制瓦、板保温	技术准备	(1) 绑扎法：适用于泡沫混凝土硅藻土、膨胀珍珠岩、膨胀蛭石、硅酸钙保温瓦等制品。保温材料与管壁之间涂抹一层石棉粉、石棉硅藻土胶泥。一般厚度为 3~5mm，然后在将保温材料绑扎在管壁上。所有接缝均应用石棉粉、石棉硅藻土或与保温材料性能相近的材料配成胶泥填塞。其他过程与矿纤预制品绑扎保温施工相同。 (2) 粘贴法：将保温瓦块用胶粘剂直接贴在保温件的面上，保温瓦应将横向接缝错开，粘贴住即可。涂刷粘贴剂时要保持均匀饱满，接缝处必须填满、严实

序号	作业	前置任务	作业控制要点
5	管件绑扎保温	技术准备	管道上的阀门、法兰、弯头、三通、四通等管件保温时应特殊处理，以便于启闭检修或更换。其做法与管道保温基本相同。 （1）法兰、阀门绑扎保温：先将法兰两旁空隙用散状保温材料填充满，再用镀锌铁丝将管壳或棉毡等材料绑扎好外缠玻璃丝布等保护层。 （2）弯管绑扎保温施工：对于预制管壳结构，当管径小于80mm时，施工方法是：将空隙用散状保温材料填充，再用镀锌铁丝将裁剪好的直角弯头管壳绑扎好，外做保护层。当管径大于100mm时，施工方法是按照管径的大小和设计要求选好保温管壳，再根据管壳的外径及弯管的曲率半径做虾米腰的样板，用样板套在管壳外，划线裁剪成段，再用镀锌铁丝将每段管壳按顺序绑扎在弯管上，外做保护层即可，若每段管壳连接处有空隙可用同样的保温材料填充至无缝为止。当管道采用棉毡或其他材料保温时，弯管也可用同样的材料保温。 （3）三、四通绑扎保温：三、四通在发生变化时，各个方向的伸缩都不一样，很容易破坏保温结构，所以一定要认真仔细地绑扎牢固，避免开裂

序号	作业	前置任务	作业控制要点
6	膨胀缝	技术准备	管道转弯处，用保温瓦做管道保温层时，在直线管段上，相隔7m左右留一条间隙5mm的膨胀缝。保温管道的支架处应留膨胀缝。接近弯曲管道的直管部分也应留膨胀缝，缝宽均为20～30mm，并用弹性良好的保温材料填充
7	橡塑保温	技术准备	先把保温管用小刀划开，在划口处涂上专用胶水，然后套在管子上，将两边的划口对接，若保温材料为板材则直接在接口处涂胶、对接

4 卫生器具

4.1 卫生器具安装工序作业要点

卡片编码：卫生器具 401，上道工序：管道安装。

序号	作业	前置任务	作业控制要点
1	小便器安装	技术准备	(1) 小便器上水管一般要求暗装，用角阀与小便器连接； (2) 角阀出水口中心应对准小便器进出口中心； (3) 配管前应在墙面上划出小便器安装中心线，根据设计高度确定位置，划出十字线，按小便器中心线打眼、楔入木针或塑料膨胀螺栓； (4) 用木螺钉加尼龙热圈轻轻将小便器拧靠在木砖上，不得偏斜、离斜； (5) 小便器排水接口为承插口时，应用油腻子封闭
2	大便器安装	技术准备	(1) 大便器安装前，应根据房屋设计，划出安装十字线。设计上无规定时，蹲式大便器下水口中心距后墙面最小为：陶瓷水封 660mm，铸铁水封 620mm，左右居中。 (2) 坐式大便器安装前应用水泥砂浆找平，大便器接口填料应采用油腻子，并用带尼龙垫圈的木螺丝固定于预埋的木砖上。

序号	作业	前置任务	作业控制要点
2	大便器安装	技术准备	(3) 高位水箱安装应以大便器进水口为准，找出中心线并划线，用带尼龙垫圈的木螺钉固定于预埋的木砖上。水箱拉链一般宜位于使用方向右侧。 (4) 蹲式大便器四周在打混凝土地面前，应抹一圈厚度为 3.5mm 麻刀灰，两侧砖挤牢固。 (5) 蹲式大便器水封上下口与大便器或管道连接处均应填塞油麻两圈，外部用油腻子或纸盘白灰填实密封； (6) 安装完毕后，应做好保护
3	洗脸盆安装	技术准备	(1) 根据洗脸盆中心及洗脸盆安装高度划出十字线，将支架带有钢垫圈的木螺钉固定在预埋的木砖上； (2) 安装多组洗脸盆时，所有洗脸盆应在同一水平线上； (3) 洗脸盆与排水栓连接处应用浸油石棉橡胶板密封； (4) 洗涤盆下有地漏时，排水短管的下端，应距地漏不小于 100mm
4	浴盆（淋浴盆）安装	技术准备	(1) 浴盆应平稳地安装在地面上，并具有 0.005 的坡度，坡向排水栓； (2) 溢流管与排水栓应采用 $\phi 50$ 管，并设有水封，与排水管道接通；

续表

序号	作业	前置任务	作业控制要点
4	浴盆（淋浴盆）安装	技术准备	(3) 热水管道如暗配时，应将管道敷设保温层后埋入墙内； (4) 淋浴器管道明装时，冷热水管间距一般为180mm，管外表面距离墙面不小于20mm
5	地漏安装	技术准备	(1) 核对地面标高，按地面水平线采用0.02的坡度，再低5～10mm为地漏表面标高； (2) 地漏安装后，用1∶2水泥砂浆将其固定

4.2 卫生器具给水配件安装工序作业要点

卡片编码：卫生器具402，上道工序：卫生器具安装。

序号	作业	前置任务	作业控制要点
1	延时自闭冲洗阀的安装	管道安装	冲洗阀的中心高度为1100mm，根据冲洗阀至胶皮碗的距离，断好90°弯的冲洗管，使两端合适，将冲洗阀锁母由胶圈卸下，分别套在冲洗管直管段上，将弯管的下端插入胶皮碗内40～50mm，用喉箍扣牢。再将上端插入冲洗阀内，推上胶圈，调直找正，将锁母拧至松紧适度

序号	作业	前置任务	作 业 控 制 要 点
2	浴盆给水配件安装	管道安装	(1) 水嘴安装：先将冷、热水预留管口用短管找平、找正。如暗装管道进墙较深者，应先量出短管尺寸，套好短管，使冷、热水嘴安装完成后距墙一致。将水嘴拧紧找正，除净外露麻丝。 (2) 混合水嘴安装：将冷、热水管口找平、打正。把混合水嘴转向对丝抹铅油、缠麻丝，带好护口盘，用自制扳手（俗称钥匙）插入转向对丝内，分别拧入冷、热水预留管口。校好尺寸，找平、找正。命名护口盘紧贴墙面。然手将混合水嘴对正转向对丝，加垫后拧紧锁母找平、找正。用扳手拧至松紧适度。 (3) 脸盆水嘴安装。先将水嘴根母、锁母卸下，在水嘴根部热好油灰，插入脸盆给水孔眼，下面再套上热眼圈，带上根母后左手按住水嘴，右手用自制八字固定扳手将锁母紧至松紧适度

4.3　卫生器具排水管道安装 工序作业要点

卡片编码：卫生器具 403，上道工序：卫生器具安装。

48

序号	作业	前置任务	作业控制要点
1	卫生器具排水管道安装	技术准备	（1）与排水横管连接的各卫生器具的受水口和立管均应采取妥善可靠的固定措施；管道与楼板的接合部位应采取牢固可靠的防渗、防漏措施。 （2）连接卫生器具的排水管道接口应紧密、不漏，其固定支架、管卡等支撑位置应正确、牢固，与管道的接触应平整。具体施工要点见室内排水管道安装工序作业要点卡片

5 室内供暖

5.1 管道及配件安装工序作业要点

卡片编码：室内供暖 501，上道工序：土建交接。

序号	作业	前置任务	作业控制要点
1	支架安装	支架预制	（1）管道支、吊、托架的安装，应符合下列规定：1）位置正确，埋设应平整牢固。2）固定支架与管道接触应紧密，固定应牢靠。3）滑动支架应灵活，滑托与滑槽两侧间应留有 3～5mm 的间隙，纵向移动量应符合设计要求。4）无热伸长管道的吊架、吊杆应垂直安装。5）有热伸长管道的吊架、吊杆应向热膨胀的反方向偏移。6）固定在建筑结构上的管道支、吊架不得影响结构的安全。（2）钢管水平安装的支、吊架间距应符合相关规范的规定。（3）采用金属制作的管道支架，应在管道与支架间加衬非金属垫或套管。（4）供暖系统的金属管道立管管卡安装应符合下列规定：1）楼层高度小于或等于 5m，每层必须安装 1 个。2）楼层高度大于 5m，每层不得少于 2 个。3）管卡安装高度，距地面应为 1.5～1.8m，2 个以上管卡应均匀安装，同一房间管卡应安装在同一高度上

序号	作业	前置任务	作业控制要点
2	水平干管安装	支架安装	(1) 按施工草图，进行管段的加工预制，包括：断管、套丝、上零件、调直、核对好尺寸，按环路分组编号，码放整齐。 (2) 安装卡架，按设计要求或规定间距安装。吊卡安装时，先把吊杆按坡向依次穿在型钢上，吊环按间距位置套在管上，再把管抬起穿螺栓拧紧螺母，将管固定。安装托架上的管道时，先把管就位在托架上，把第一节管装好 U 形卡，然后安装第二节管，以后各节管均照此进行，紧固好螺栓。 (3) 干管安装应从进户或分支路点开始，装管前要检查管腔并清理干净。在丝头处涂好铅油缠好麻，1 人在末端扶管道，1 人在接口处把管相对固定，对准丝扣，慢慢转动入扣，用一把管钳咬住前节管件，用另一把管钳转动管至松紧适度，对准调直时的标记，要求丝扣外露 2~3 扣，并清掉麻头。 (4) 制作羊角弯时，应撼两个 75° 左右的弯头，在连接处锯出坡口，主管锯成鸭嘴形，拼合后立即点焊、找平、找正、找直，再进行施焊。羊角弯接合部位的口径必须与主管口径相等，其弯曲半径应为管径的 2.5 倍左右。

序号	作业	前置任务	作业控制要点
2	水平干管安装	支架安装	（5）分路阀门离分路点不宜过远。如分路处是系统的最低点，必须在分路阀门前加泄水丝堵。集气罐的进出水口，应开在偏下约为罐高的 1/3 处。丝接应与管道连接调直后安装。其放风管应稳固，如不稳，可装两个卡子，集气罐位于系统末端时，应装托、吊卡。 （6）采用焊接钢管，先把管子选好调直，清理好管腔，将管运到安装地点。安装程序从第一节开始；把管就位找正，对准管口使预留口力向准确，找直后用气焊点焊固定（管径不大于 50mm 以下点焊 3 点，管径不小于 70mm 以上点焊 4 点），然后施焊，焊完后应与保证管道正直。 （7）蒸汽管道水平安装的管道要有适当的坡度，当坡向与蒸汽流动方向一致时，应采用 $i=0.003$ 的坡度，当坡向与蒸汽流动方向相反时，坡度应加大到 $i=0.005\sim0.01$。干管的翻身处及末端应设置疏水器。 （8）蒸汽干管的变径、供汽管的变径应为下平安装，凝结水管的变径为同心。管径大于或等于 70mm，变径管长度为 30mm；管径小于或等于 50mm 变径长度为 200mm。 （9）遇有伸缩器，应在预制时按规范要求做好预拉伸，并做好记录。按位置固定，与管道连接好。波纹伸缩器应按要求位置安装好导向支架和固定支架。并分别安装阀门、集气罐等附属设备。

序号	作业	前置任务	作业控制要点
2	水平干管安装	支架安装	(10) 管道安装完毕，检查坐标、标高、预留口位置和管道变径等是否正确，然后找直，用水平尺校对复核管道坡度，调整合格后，再调整吊卡螺栓 U 形卡，使其松紧适度，平正一致，最后焊牢固定卡处的止动板。 (11) 摆正或安装好管道穿结构处的套管，填堵管洞口，预留口处应加好临时管堵
3	立管安装	干管安装	(1) 核对各层预留孔洞位置是否垂直，然后吊线、剔眼、栽卡子。将预制好的管道按编号顺序运到安装地点。 (2) 安装前先卸下阀门盖，有钢套管的先穿到管上，按编号从第一节开始安装。将立管丝口涂铅油缠麻丝，对准接口转动入扣，一把管钳咬住管件，一把管钳拧管，拧到松紧适度并对准调直时的标记要求，丝扣外露 2～3 扣，预留口找正为止，并清除管口外露麻丝头。 (3) 检查立管的每个预留口标高、方向、半圆弯等是否准确、平正。将事先栽好的管卡子松开，把管放入卡内拧紧螺栓，用吊杆、线坠从第一节管开始找好垂直度，扶正钢套管，最后填堵孔洞，预留口必须加好临时丝堵
4	支管安装	干管安装	(1) 检查散热器安装位置及立管预留口是否准确，量支管尺寸和灯叉弯的大小（散热器中心距墙与立管预留口中心距墙之差）。

序号	作业	前置任务	作业控制要点
4	支管安装	干管安装	(2) 配支管，按量出支管的尺寸，减去灯叉弯量，然后断管、套丝、撅灯叉弯和调直。将灯叉弯两头抹铅油缠麻，装好油任，连接散热器，把麻头清理干净。 (3) 暗装或半暗装的散热器灯叉弯必须与炉片槽墙角相适应，达到美观。 (4) 用钢尺、水平尺、线坠校正对支管的坡度和平行距墙尺寸，并复查立管及散热器有无移动。按设计或规定的压力进行系统试压及冲洗，合格后办理验收手续，并将水泄净。 (5) 立支管变径，不宜使用铸铁补芯，应使用变径管箍或焊接法
5	套管预留/套管封堵	测量定位/管道安装	(1) 管道穿过墙壁和楼板，应设置金属或塑料套管。 (2) 安装在楼板内的套管，其顶部应高出装饰地面 20mm。安装在卫生间及厨房内的套管，其顶部应高出装饰地面 50mm，底部应与楼板底面相平；安装在墙壁内的套管其两端与饰面相平。穿过楼板的套管与管道之间缝隙，应用阻燃密实材料和防水油膏填实，端面光滑。穿墙套管与管道之间缝隙宜用阻燃密实材料填实，且端面应光滑。管道的接口不得设在套管内

序号	作业	前置任务	作业控制要点
6	减压阀安装	管道安装	(1) 减压阀装置组装。截止阀用法兰连接，旁通管用弯管相连，采用焊接。 (2) 用型钢作托架，分别设在减压阀的两边阀门的外侧，使连接旁通管卡在托架上，将型钢下料后，栽入事先打好的墙洞内，找平、找正。 (3) 减压阀只允许安装在水平管道上，阀前后压差不得大于 0.5MPa，否则应两次减压（第一次用截止阀），如需减压的压差很小，可用截止阀代替减压阀。 (4) 减压阀的中心距墙面不小于 200mm，减压阀应成垂直状。减压阀的进出口方向按阀身箭头所示，切不可安装反。 (5) 减压板在法兰盘中安装时，只允许在整个供暖系统经过冲洗后安装。 (6) 安装完成须根据使用的工作压力进行调试，对减压阀定压，并做上标记
7	方形补偿器安装	管道安装	方形补偿器安装： (1) 在安装前，应检查补偿器是否符合设计要求，补偿器的三个臂是否在一个水平上，安装时用水平尺检查，调整支架，使方形补偿器位置标高正确，坡度符合规定。 (2) 安装补偿器应做好预拉伸，按位置固定好，然后再与管道相连接。预拉伸方法可选用千斤顶将补偿器的两臂撑开或用拉管器进行冷拉。

序号	作业	前置任务	作业控制要点
7	方形补偿器安装	管道安装	（3）预拉伸的焊口应选在距补偿弯曲起点2～2.5m处为宜，冷拉前应将固定支座牢固固定住，并对好预拉焊口处的间距。 （4）采用拉管器进行冷拉时，其操作方法是将拉管器的法兰管卡，紧紧卡在被预拉焊口的两端，即一端为补偿器管端，另一端管道端口。而穿在两个法兰管卡之间的几个双头长螺栓，作为调整及拉紧用，将预拉间隙对好，并用短角钢在管口处贴焊，但只能焊在管道的一端，另一端用角钢卡住即可，然后拧紧螺栓，使间隙靠拢，将焊口焊好后才可松开螺栓，取下拉管器，再进行另一侧的预拉伸，也可两侧同时冷拉。 （5）采用千斤顶顶撑时，将千斤顶横放置在补偿器的两臂间，加好支撑及垫块，然后启动千斤顶，这时两臂即被撑开，使预拉焊口靠拢至要求的间隙。焊口找正，对平管口用电焊将此焊口焊好，只有当两端预拉焊口焊完后，才可将千斤顶拆除，终结预拉伸。 （6）水平安装时应与管道坡度、坡向一致。垂直安装时，高点应设放风阀，低点处应设疏水器。 （7）弯制补偿器，宜用整根管弯成，如需要接口，其焊口位置应设在直臂的中间。方形补偿器预拉长度应按设计要求拉伸，无要求时为其伸长量的一半

序号	作业	前置任务	作业控制要点
8	套筒补偿器安装	管道安装	(1) 套筒补偿器应安装在固定支架近旁，并将外套管一端朝向管道的固定支架，内套管一端与产生热膨胀的管道相连接。 (2) 套筒补偿器的预拉伸长度应根据设计要求，预拉伸时，先将补偿器的填料压盖松开，将内套管拉出预拉伸的长度，然后再将填料压盖紧住。 (3) 套筒补偿器安装前，安装管道时应将补偿器的位置让出，在管道两端各焊一片法兰盘，焊接时要求法兰垂直于管道中心线，法兰与补偿器表面相互平行。加垫后衬垫应受力均匀。 (4) 套筒补偿器的填料，应采用涂有石墨粉的石棉盘根或浸过机油的石棉绳，压盖的松紧程度在试运行时进行调整，以不漏水、不漏气、内套管又能伸缩自如为宜。 (5) 为保证补偿器的正常工作，安装时必须保证管道和补偿器中心一致，并在补偿器前设计1~2个导向滑动支架。 (6) 套筒补偿器要注意经常检修和更换填料，以保证封口严密
9	波形补偿器安装	管道安装	(1) 波形补偿器的波节数量可根据需要确定，一般为1~4个，每个波节的补偿能力由设计确定，一般为20mm。

序号	作业	前置任务	作业控制要点
9	波形补偿器安装	管道安装	(2) 安装前应了解补偿器出厂前是否已做预拉伸,如未进行,应补做预拉伸。在固定的卡架上,将补偿器的一端用螺栓紧固,另一端可用捯链卡住法兰,然后慢慢按预拉长度进行冷拉,冷拉时要使补偿器四周受力均匀,拉出规定长度后用支架把补偿器固定好,把捯链和固定架上的补偿器取下,然后再与管道相连接。 (3) 补偿器安装前管道两侧应先安好固定卡架,安装管道时应将补偿器的位置让出,在管道两端各焊一片法兰盘,焊接时要求法兰垂直于管道中心线,法兰与补偿器表面相互平行,加垫后衬垫应受力均匀。 (4) 补偿器安装时,卡、吊架不得设置在波节上,必须距波节 100mm 以上。试压时不得超压,不允许侧向受力,将其固定牢。 (5) 波形补偿器如需加大壁厚,内套筒的一端与波形补偿的焊接。安装时应注意使介质的流向从焊端流向自由端,并与管道的坡度方向一致
10	疏水器安装	管道安装	(1) 按设计要求先进行疏水器装置的组装。疏水器应安装在便于检修的地方,并应尽量靠近用热设备凝结水排出口下。蒸汽管道疏水时,疏水器安装在低于管道的位置。

序号	作业	前置任务	作业控制要点
10	疏水器安装	管道安装	(2) 安装应按设计设置好旁通管、冲洗管、检查管、止回阀和除污器等的位置。用汽设备应分别安装疏水器，几个用汽设备不能合用一个疏水器。 (3) 疏水器的进出口位置要保持水平，不可倾斜安装。 (4) 旁通管是安装疏水器的一个组成部分。在检修疏水器时，可暂时通过旁通管运行，疏水器阀体上的箭头应与凝结水的流向一致，疏水器的排水管管径不能小于进口管径。 (5) 高压疏水器组装时，按图中要求用两道型钢作托架，卡在两侧阀门之外侧，其托架装入墙内深度不小于150mm。 (6) 低压回水盒组对时，DN25以内均应以丝扣连接。两端应活接头，组装后均垂直安装。 (7) 安装疏水器，切不可将方向弄反。疏水装置一般均安装在管道的排水线以下，若蒸汽系统中的凝结水管高于蒸汽管道或设备的排水线，应安装止回阀
11	除污器安装	管道安装	(1) 除污器装置组装前，找准进出口方向。 (2) 除污器装置上支架设置位置，要避开排污口，以免妨碍正常操作。 (3) 除污器中过滤网的材质、规格，均应符合设计规定

5.2 辅助设备及散热器安装工序作业要点

卡片编码：室内供暖 502，上道工序：管道安装。

序号	作业	前置任务	作业控制要点
1	散热器组对	技术准备	（1）按设计的散热器型号、规格进行核对、检查，鉴定其质量是否符合验收规范规定，并做好记录。 （2）将散热器内的脏物、污垢以及对口处的浮锈清除干净。 （3）备好散热器组对工作台或制作简易支架。 （4）按设计要求的片数组对，试扣选出合格的对丝、丝堵、补心，然后进行组对。对口的间隙一般为 2mm。进水（汽）端的补芯为正扣，回水端的补芯为反扣。 （5）组对前，根据热源分别选择好衬垫。当介质为蒸汽时，选用 1mm 厚的石棉垫涂抹铅油待用；介质为过热水时，采用高温耐热橡胶石棉垫待用；介质为一般热水时，采用耐热橡胶垫
2	散热器水压试验	散热器组对	（1）将散热器抬到试压台上，用管钳子安装好临时炉堵和临时补心，安装好放气嘴，连接试压泵，各种成组散热器可直接连接试压泵。

序号	作业	前置任务	作业控制要点
2	散热器水压试验	散热器组对	（2）试压时打开进水阀门，往散热器内充水，同时打开放气嘴，排净空气，待水满后关闭放气嘴。 （3）加压到规定的压力值时，关闭进水阀门，持续 5min，观察每个接口是否有渗漏，不渗漏为合格。 （4）如有渗漏用铅笔做出记号，将水放尽，卸下炉堵或炉补心，用长杆钥匙从散热器外部比试，量到漏水接口的长度，在钥匙杆上做标记，将钥匙从散热器对丝孔中伸入至标记处，按丝扣旋紧的方向拧动钥匙，使接口继续上紧或卸下换垫，如有坏片，须换片。钢制散热器如有砂眼渗漏可补焊，返修好后再进行水压试验，直到合格。不能用的坏片要做明显标记（或用手锤将坏片砸一个明显的孔洞单独存放），防止再次混入好片中误组对。 （5）打开泄水阀门，拆掉临时丝堵和临时补心，泄净水后将散热器运到集中地点，补焊处要补刷两道防锈漆
3	散热器安装	散热器水压试验	（1）按设计图要求，利用所作的统计表将不同型号、规格和组好并试压完毕的散热器运到各房间，根据安装位置及高度在墙上画出安装中心线。

序号	作业	前置任务	作业控制要点
3	散热器安装	散热器水压试验	(2) 散热器托钩和固定卡安装：1) 柱型带腿散热器固定卡安装。从地面到散热器总高的 3/4 画水平线，与散热器中心线交点画印记，此为 15 片以下的双数片散热器的固定卡位置。单数片向一侧错过半片。16 片以上者应装两个固定卡，高度仍在散热器 3/4 高度的水平线上，从散热器两端各进去 4～6 片的地方装入。2) 挂装柱型散热器：托钩高度应按设计要求并从散热器的距地高度上返 45mm 画水平线。托钩水平位置采用画线尺来确定。 (3) 安装散热器：1) 若为托钩固定，必须待钩子的塞墙砂浆达到强度后再安装，若为带腿散热器则须散热器就位后再拧紧卡子螺栓，将其固定在散热器上。2) 带腿散热器安装时，将散热器组抬至安装位置就位，用水平尺找正垂直，检查足腿是否与地面接触平稳、严实。达到规定标准，将固定卡的螺栓在散热器上拧紧。若上面也为托钩，则也须完全达到强度后再行就位。3) 如果散热器安装在轻质结构墙上设置托架时，事先制做好托架。安装托架后，将散热器轻轻抬起落在架上，用水平尺找平、找正、找垂直。然后拧紧固定卡。4) 如果带腿的散热器安装中，出现不平现象。可以用锉刀磨平找正。严禁用木块砖石垫高，必要时可用垫块找平

序号	作业	前置任务	作业控制要点
4	膨胀水箱安装	散热器安装	(1) 水箱基础或支架的位置、标高、几何尺寸和强度，均应核对和检查，发现异常应和有关人员商定。 (2) 水箱基础表面应水平，水箱安装后应与基础接触紧密。 (3) 水箱安装前，按设计要求，进行量尺、画线，在基础上做出安装位置的记号。 (4) 膨胀水箱的接管及管径按设计要求。 (5) 各配管的安装位置：1) 膨胀管在重力循环系统中接至供水总立管的顶端。在机械循环系统中，接至系统的恒压点，一般选择在循环水泵吸水口前。2) 循环管接至系统定压点前水平回水干管上，该点与定压点间的距离为2～3m。3) 信号检查管应直接明确安装位置。4) 溢流管应直接明确安装位置。5) 排水管应直接明确安装位置。 (6) 水箱保温：1) 膨胀水箱安装在非供暖房间时，应进行保温，保温材料及方法按设计要求。2) 敞口水箱应做满水试验，密闭水箱应进行水压试验，合格后方可保温

5.3 金属辐射板安装工序作业要点

卡片编码：室内供暖 503，上道工序：管道安装。

序号	作业	前置任务	作业控制要点
1	模块组装	技术准备	模块一般宽320mm，长2m、3m、4m和6m的可组装辐射板基本模块，据设计要求先在地面组装，模块之间采用卡压或螺扣固定。通过卡压或螺扣连接将集液管与吊顶辐射板模块连接在一起，将预先喷涂好的盖板卡压在辐射板的连接处
2	辐射板上部铺设绝热层	模块组装	根据组装好的辐射板的宽度切割40mm厚带铝箔的绝热保温板平铺，并将绝缘材料两侧固定于辐射板卷边内，接缝处用铝箔封合
3	辐射板端头安装	辐射板上部铺设绝热层	集液管和导流管的端头都由直径为φ32的钢管做成，用DN25的外螺纹连接辐射板支管，必要时安装盲盖、放气阀，均为螺纹连接
4	辐射板安装	辐射板端头安装	（1）根据设计要求组装好带悬吊钢骨的辐射板，先单体试压合格后再进行吊装。 （2）吊装辐射板直接用固定附件悬挂。 （3）施工要点：1）如果辐射板的两个固定轴间距较长，为避免管道在连接处焊接后下折，应在固定钢骨与连接处之间焊接一个辅助轴。若不采用辅助轴方式，在焊接之前对板间连接头进行校正，使其略微向上方倾斜。2）固定连接件安装完成后，在不带负载状态下，带活节悬挂件应当是垂直的。若屋顶倾斜时，用带斜面角的偏螺母补偿找正

序号	作业	前置任务	作业控制要点
5	水压试验与冲洗	辐射板安装	(1) 连接安装水压试验管路。1) 根据水源的位置和工程系统情况，制定出试压程序和技术措施，再测量出各连接管的尺寸，标注在连接图上。2) 断管、套丝、上管件及阀件，准备连接管路。3) 一般选择在系统进户入口供水管的甩头处，连接至加压泵的管路。4) 在试压管路的加压泵端和系统的末端安装压力表及表弯管。 (2) 灌水前的检查。1) 检查全系统管路、阀件、固定支架、套管等，必须安装无误。各类连接处均无遗漏。2) 根据全系统试压或分系统试压的实际情况，检查系统上各类阀门的开、关状态，不得漏检。试压管道阀门全部打开，试验管段与非试验管段连接处应予以隔断。3) 检查试压用的压力表灵敏度。4) 水压试验系统中阀门都处于全关闭状态。待试压中需要开启再开。 (3) 水压试验。1) 应分层、分回路进行水压试验，再进行系统连通调试。打开水压试验管路中的阀门，开始向辐射板系统注水。开启系统上各高处的排气阀，使管路及辐射板里的空气排尽。待水灌满后，关闭排气阀和进水阀，停止向系统供水。2) 打开连接加压泵的阀门，用电动打压泵或手动打压泵通过管路向系统加压，同时拧开压力表上的旋塞阀，观察压力逐渐升高的情况，检查接口，无异样情况方可缓慢地加压，系统加压一般分2~3次升至设计要求的试验压力。增压过程观察接口，发现渗漏立即停止，将接口处理后再增压。

序号	作业	前置任务	作业控制要点
5	水压试验与冲洗	辐射板安装	3）试压过程中，用试验压力对管道进行预先试压，其延续时间应不少于 10min，然后将压力降至工作压力，进行全面外观检查，在检查中，对漏水或渗水的接口做上记号，便于返修。4）系统试压达到合格验收标准后，放掉管道内的全部存水，不合格时应待补修后，再次按前述方法二次试压，直至达到合格验收标准。5）拆除试压连接管路，将入口处供水管用盲板临时封堵严实。 （4）系统各支回路试压完毕进行水压冲洗，以放出清水为合格

5.4 低温热水地板辐射系统安装 工序作业要点

卡片编码：室内供暖 504，上道工序：土建交接。

序号	作业	前置任务	作业控制要点
1	楼地面基层清理	技术准备	凡采用地辐射供暖的工程在楼地面施工时，必须严格控制表面的平整度，仔细压抹，其平整度允许误差应符合混凝土或砂浆地面要求。在保温板铺设前应清除楼地面上的垃圾、浮灰、附着物，特别是油漆、涂料、油污等有机物必须清除干净

序号	作业	前置任务	作业控制要点
2	绝热板材铺设	楼地面基层清理	（1）绝热板应清洁、无破损，在楼地面铺设平整、搭接严密。绝热板拼接紧凑间隙 10mm，错缝铺设，板接缝处全部用胶带粘接，胶带宽度 40mm。 （2）房间周围边墙、柱的交接处应设绝热板保温带，其高度要高于细石混凝土回填层。 （3）房间面积过大时，以 6000mm×6000mm 为方格留伸缩缝，缝宽 10mm。伸缩缝处，用厚度 10mm 绝热板立放，高度与细石混凝土层平齐
3	绝热板材加固层的施工	绝热板材铺设	（1）钢丝网规格为方格，不大于 200mm，在供暖房间满布，拼接缝处应绑扎连接。 （2）钢丝网在伸缩缝处应不能断开，铺设应平整，无锐刺及跷起的边角
4	加热盘管敷设	绝热板材加固层的施工	（1）加热盘管在钢丝网上面敷设，管长应根据工程上各回路长度酌情定尺，一个回路尽可能用一盘整管，应最大限度减小材料损耗。填充层内不许有接头。 （2）按设计图纸要求，事先将管的轴线位置用墨线弹在绝热板上，抄标高、设置管卡，按管的弯曲半径≥10D（D 指管外径）计算管的下料长度，其尺寸误差控制在±5％以内。必须用专用剪刀切割，管口应垂直于断面处的管轴线。严禁用电焊、气焊、手工锯等工具分割加热管。

序号	作业	前置任务	作业控制要点
4	加热盘管敷设	绝热板材加固层的施工	(3) 按测出的轴线及标高垫好管卡，用尼龙扎带将加热管绑扎在绝热板加强层钢丝网上，或者用固定管卡将加热管直接固定在敷有复合面层的绝热板上。同一通路的加热管应保持水平，确保管顶平整度为±5mm。 (4) 加热管固定点的间距，弯头处间距不大于300mm，直线段间距不大于600mm。 (5) 在过门、过伸缩缝、过沉降缝时，应加装套管，套管长度不小于150mm。套管比盘管大两号，内填保温边角余料
5	分、集水器安装	加热盘管敷设	(1) 分集水器安装可在加热管敷设前安装，也可在敷设管道回填细石混凝土后与阀门、水表一起安装。安装必须平直、牢固，在细石混凝土回填前安装需做水压试验。 (2) 当水平安装时，一般宜将分水器安装在上，集水器安装在下，中心距宜为200mm，且集水器中心距地面不小于300mm。 (3) 当垂直安装时，分、集水器下端距地面应不小于150mm。 (4) 加热管始末端出地面至连接配件的管段，应设置在硬质套管内。加热管与分、集水器分路阀门的连接，应采用专用卡套式连接件或插接式连接件

序号	作业	前置任务	作业控制要点
6	细石混凝土敷设层施工	分、集水器安装	(1) 在加热管系统试压合格后方能进行细石混凝土层回填施工。细石混凝土层施工应遵循土建工程施工规定，优化配合比设计、选出强度符合要求、施工性能良好、体积收缩稳定性好的配合比。建议强度等级应不小于 C15，卵石粒径宜不大于 12mm，并宜掺入适量防止龟裂的添加剂。 (2) 细石混凝土施工前，必须将敷设完管道后的工作面上的杂物、灰渣清除干净（宜用小型空压机清理）。在过门、过沉降缝处、过分格缝部位宜嵌双玻璃条分格（玻璃条用 3mm 玻璃裁划，比细石混凝土面低 1~2mm），其安装方法同水磨石嵌条。 (3) 细石混凝土在盘管加压（工作压力或试验压力不小于 0.4MPa）状态下铺设，回填层凝固后方可泄压，填充时应轻轻捣固，铺设时不得在盘管上行走、踩踏，不得有尖锐物件损伤盘管和保温层，要防止盘管上浮，应小心下料、拍实、找平。 (4) 细石混凝土接近初凝时，应在表面进行二次拍实、压抹，以防止顺管轴线出现塑性沉缩裂缝。表面压抹后应保湿养护 14d 以上

5.5 防腐施工工序作业要点

卡片编码：室内供暖 505，上道工序：管道与设备安装。

序号	作业	前置任务	作业控制要点
1	去污除锈	准备工作	除锈方法有人工除锈、机械除锈、喷砂除锈。金属管道表面去污除锈去污方法、适用范围、施工要点按相关要求执行
2	调配涂料	去污除锈	工程中用漆种类繁多，底、面漆不相配会造成防腐失败。 (1) 根据设计要求，按不同管道、不同介质、不同用途及不同材质选择油漆涂料。 (2) 管道涂色分类：管道应根据输送介质选择漆色，如设计无规定，按相关要求选择涂料颜色。 (3) 将选好的油漆桶开盖，根据原装油漆稀稠程度加入适量稀释剂。油漆的调和程度要考虑涂刷方法，调和至适合手工涂刷或喷涂的稠度。喷涂时，稀释剂和油漆的比可为 1：(1～2)。用棍棒搅拌均匀，可以刷，不流淌，不出刷纹为准，即可准备涂刷
3	刷或喷涂施工	调配涂料	(1) 手工涂刷：用油刷、小桶进行。每次油刷沾油要适量，不要弄到桶外污染环境。手工涂刷要自上而下、从左到右、先里后外、先斜后直、先难后易、纵横交错地进行。漆层厚薄均匀一致，不得漏刷和漏挂。多遍涂刷时每遍不宜过厚。必须在上一遍涂膜干燥后才可涂刷第二遍。 (2) 浸涂：用于形状复杂的物件防腐。把调和好的漆倒入容器或槽里，然后将物件浸在涂料液中，浸涂均匀后抬出涂件，搁置在干净的排架上，待第一遍干后，再浸涂第二遍。 (3) 喷涂法：常用的有压缩空气喷涂、静电喷涂、高压喷涂

序号	作业	前置任务	作业控制要点
4	养护	刷或喷涂施工	（1）油漆施工条件：不应在雨天、雾天、露天和0℃以下环境施工。 （2）油漆涂层的成膜养护：溶剂挥发型涂料靠溶剂挥发干燥成膜，温度为15～250℃。氧化-聚合型涂料成膜分为溶剂挥发和氧化反应聚合阶段才达到强度。烘烤聚合型的磁漆只有烘烤养护才能成膜。固化型涂料分常温固化和高温固化满足成型条件

5.6　绝热保温施工工序作业要点

卡片编码：室内供暖506，上道工序：管道与设备防腐。

序号	作业	前置任务	作业控制要点
1	管道胶泥结构涂抹保温	技术准备	（1）配制与涂抹：先将选好的保温材料按比例秤量并混合均匀，然后加水调成胶泥状，准备涂抹使用。管道小于等于DN40时保温层厚度较薄，可以一次抹好。管道大于DN40时可分几次抹。第一层用较稀的胶泥散敷，厚度一般为2～5mm；待第一层完全干燥后再涂抹第二层，厚度为10～15mm；以后每层厚度均为15～25mm。达到设计要求的厚度为止。表面要抹光，外面再按要求做保护层。

序号	作业	前置任务	作业控制要点
1	管道胶泥结构涂抹保温	技术准备	(2) 缠草绳：根据设计要求，在第一层涂抹后缠草绳，草绳间距为 5~10mm，然后再于草绳上涂抹各层石棉灰，达到设计要求的厚度为止。 (3) 缠镀锌铁丝网：保温层的厚度在 100mm 以内时，可用一层镀锌铁丝网缠于保温管道外面。若厚度大于 100mm 时可做两层镀锌铁丝网。 (4) 加温干燥：施工时环境温度不得低于 0℃，为加快干燥，可在管内通入高温介质（热水或蒸汽），温度应控制在 80~150℃。 (5) 法兰、阀门保温时两侧必须留出足够的间隙（一般为螺栓长度加 30~50mm），以便拆卸螺栓。法兰、阀门安装紧固后再用保温材料填满充实做好保温。 (6) 管道转弯处，在接近弯曲管道的直管部分应留出 20~30mm 的膨胀缝，并用弹性良好的保温材料填充。 (7) 高温管道的直管部分每隔 2~3m、普通供热管道每隔 5~8m 设膨胀缝，在保温层及保护层留出 5~10mm 的膨胀缝并填以弹性良好的保温材料

序号	作业	前置任务	作业控制要点
2	棉毡缠包保温	技术准备	先将成卷的棉毡按管径大小裁剪成适当宽度的条带（一般为200～300mm），以螺旋状包缠到管道上。边缠边压边抽紧，使保温后的密度达到设计要求。当单层棉毡不能达到规定保温层厚度时，可用两层或三层分别缠包在管道上，并将两层接缝错开。每层纵横向接缝处必须紧密接合，纵向接缝应放在管道上部，所有缝隙要用同样的保温材料填充。表面要处理平整、封严。保温层外径不大于500mm时，在保温层外面用直径为1.0～1.2mm的镀锌铁丝绑扎，绑扎间距为150～200mm，每处绑扎的铁丝应不小于两圈。当保温层外径大于500mm时，还应加镀锌铁丝网缠包，再用镀锌铁丝绑扎牢。如果使用玻璃丝布或油毡做保护层就不必包铁丝网了
3	矿纤预制品绑扎保温	技术准备	保温管壳可以用直径1.0～1.2mm镀锌铁丝等直接绑扎在管道上。绑扎保温材料时应将横向接缝错开，采用双层结构时，双层绑扎的保温预制品内外弧度应均匀并盖缝。若保温材料为管壳应将纵向接缝设置在管道的两侧。用镀锌铁丝或丝裂膜绑扎带时，绑扎的间距不应超过300mm，并且每块预制品至少应绑扎两处，每处绑扎的钢丝或带不应少于两圈。其接头应放在预制品的纵向接缝处，使得接头嵌入接缝内。然后将塑料布绕包扎在壳外，圈与圈之间的接头搭接长度应为30～50mm，最后外层包玻璃丝布等保护层，外刷调和漆

序号	作业	前置任务	作业控制要点
4	非纤维材料的预制瓦、板保温	技术准备	(1) 绑扎法：适用于泡沫混凝土硅藻土、膨胀珍珠岩、膨胀蛭石、硅酸钙保温瓦等制品。保温材料与管壁之间涂抹一层石棉粉、石棉硅藻土胶泥。一般厚度为3～5mm，然后在将保温材料绑扎在管壁上。所有接缝均应用石棉粉、石棉硅藻土或与保温材料性能相近的材料配成胶泥填塞。其他过程与矿纤预制品绑扎保温施工相同。 (2) 粘贴法：将保温瓦块用胶粘剂直接贴在保温件的面上，保温瓦应将横向接缝错开，粘贴住即可。涂刷粘贴剂时要保持均匀饱满，接缝处必须填满、严实
5	管件绑扎保温	技术准备	管道上的阀门、法兰、弯头、三通、四通等管件保温时应做特殊处理，以便于启闭检修或更换。其做法与管道保温基本相同。 (1) 法兰、阀门绑扎保温：先将法兰两旁空隙用散状保温材料填充满，再用镀锌铁丝将管壳或棉毡等材料绑扎好，外缠玻璃丝布等保护层。

序号	作业	前置任务	作业控制要点
5	管件绑扎保温	技术准备	(2) 弯管绑扎保温施工：对于预制管壳结构，当管径小于 80mm 时，施工方法是：将空隙用散状保温材料填充，再用镀锌铁丝将裁剪好的直角弯头管壳绑扎好，外做保护层。当管径大于 100mm 时，施工方法是按照管径的大小和设计要求选好保温管壳，再根据管壳的外径及弯管的曲率半径做虾米腰的样板，用样板套在管壳外，划线裁剪成段，再用镀锌铁丝将每段管壳按顺序绑扎在弯管上，外做保护层即可，若每段管壳连接处有空隙可用同样的保温材料填充至无缝为止。当管道采用棉毡或其他材料保温时，弯管也可用同样的材料保温。 (3) 三、四通绑扎保温：三、四通在发生变化时，各个方向的伸缩量都不一样，很容易破坏保温结构，所以一定要认真仔细地绑扎牢固，避免开裂
6	膨胀缝	技术准备	管道转弯处，用保温瓦做管道保温层时，在直线管段上，相隔 7m 左右留一条间隙 5mm 的膨胀缝。保温管道的支架处应留膨胀缝。接近弯曲管道的直管部分也应留膨胀缝，缝宽均为 20~30mm，并用弹性良好的保温材料填充
7	橡塑保温	技术准备	先把保温管用小刀划开，在划口处涂上专用胶水，然后套在管子上，将两边的划口对接，若保温材料为板材则直接在接口处涂胶、对接

5.7 系统水压试验及调试工序作业要点

卡片编码：室内供暖 507，上道工序：管道与设备安装。

序号	作业	前置任务	作业控制要点
1	连接安装水压试验管路	技术准备	（1）根据水源的位置和工程系统情况，制定出试压程序和技术措施，再测量出各连接管的尺寸，标注在连接图上。 （2）断管、套丝、安装管件及阀件，准备连接管路。 （3）一般选择在系统进户入口供水管的甩头处，连接至加压泵的管路。 （4）在试压管路的加压泵端和系统的末端安装压力表及表弯管
2	灌水前的检查	连接安装水压试验管路	（1）检查全系统管路、设备、阀件、固定支架、套管等，必须安装无误。各类连接处均无遗漏。 （2）根据全系统试压或分系统试压的实际情况，检查系统上各类阀门的开、关状态，不得漏检。试压管道阀门全部打开，试验管段与非试验管段连接处应予以隔断。 （3）检查试压用的压力表灵敏度。 （4）水压试验系统中阀门都处于全关闭状态。待试压中需要开启再打开

序号	作业	前置任务	作业控制要点
3	水压试验	灌水前的检查	(1) 打开水压试验管路中的阀门，开始向供暖系统注水。 (2) 开启系统上各高处的排气阀，使管路及供暖设备里的空气排尽。待水灌满后，关闭排气阀和进水阀，停止向系统供水。 (3) 打开连接加压泵的阀门，用电动打压泵或手动打压泵通过管路向系统加压，同时拧开压力表上的旋塞阀，观察压力逐渐升高的情况，检查接口，无异样情况方可缓慢地加压，系统加压一般分 2～3 次升至试验压力。增压过程观察接口，发现渗漏立即停止，将接口处理后再增压。 (4) 高层建筑，其系统低点如果大于散热器所能承受的最大试验压力，则应分层进行水压试验。 (5) 试压过程中，用试验压力对管道进行预先试压，其延续时间应不少于 10min，然后将压力降至工作压力，进行全面外观检查，在检查中，对漏水或渗水的接口做上记号，便于返修。 (6) 系统试压达到合格验收标准后，放掉管道内的全部存水，不合格时应待补修后，再次按前述方法二次试压，直至达到合格验收标准。 (7) 拆除试压连接管路，将入口处供水管用盲板临时封堵严实

5.8 系统冲洗与通热工序作业要点

卡片编码：室内供暖508，上道工序：系统水压试验。

序号	作业	前置任务	作业控制要点
1	室内供暖系统冲洗	管道安装	首先检查全系统内各类阀件的关启状态。要关闭系统上的全部阀门。关紧、关严。并拆下除污器、自动排气阀等。 (1) 水平供水干管及总供水立管的冲洗。先将自来水管接进供水水平干管的末端，再将供水总立管进户处接往下水道。打开排水口的控制阀，再开启自来水进口控制阀，进行反复冲洗。依此顺序，对系统的各个分路供水水平干管分别进行冲洗。冲洗结束后，先关闭自来水进水阀，后关闭排水口控制阀门。 (2) 系统上立管及回水水平导管冲洗。自来水连通进口可不动，将排水出口连通管改接至回水管总出口外。关上供水总立管上各个分环路的阀门。先打开排水口的总阀门，再打开靠近供水总立边的第一个立支管上的全部阀门，最后打开自来水入口处阀门进行第一分立支管的冲洗。冲洗结束后，先关闭进水口阀门，再关闭第一分支管上的阀门。按此顺序分别对第二、三……各环路上各根立支管及水平回路的导管进行冲洗。若为同程式系统，则从最远的立支管开始冲洗为好。

序号	作业	前置任务	作业控制要点
1	室内供暖系统冲洗	管道安装	(3) 冲洗中，当排入下水道的冲洗水为洁净水时可认可合格。全部冲洗后，再以流速 1～1.5m/s 的速度进行全系统循环，延续 20h 以上，循环水色透明为合格。 (4) 全系统循环正常后，把系统回路按设计要求连接好。 (5) 蒸汽供暖、供热系统冲洗。蒸汽供热系统的吹洗采用蒸汽为热源较好，也可以采用压缩空气进行。冲洗的过程除了将疏水器、回水盒卸除以外，其他程序均与热水系统相同
2	室内供暖管道通热	室内供暖系统冲洗	(1) 先联系好热源，制定出通暖试调方案、人员分工和处理紧急情况的各项措施。备好修理、泄水等器具。 (2) 维修人员按分工各就各位，分别检查供暖系统中的泄水阀门是否关闭，导、立、支管上的阀门是否打开。 (3) 向系统内充水（最好充软化水），开始先打开系统最高点的排气门，责成专人看管。慢慢打开系统回水干管的阀门，待最高点的排气门见水后立即关闭。然后开启总进口供水管的阀门，最高点的排气阀须反复开闭数次，直至系统中冷风排净为止。 (4) 在巡视检查中如发现隐患，应尽量关闭小范围内供、回水阀门，发现问题及时处理和抢修。修好后随即开启阀门。

序号	作业	前置任务	作业控制要点
2	室内供暖管道通热	室内供暖系统冲洗	(5) 全系统运行时，遇有不热处要先查明原因。如须冲洗检修，先关闭供、回水阀，泄水后再依次打开供、回水阀门，反复放水冲洗。冲洗完再按上述程序通暖运行，直到运行正常为止。 (6) 若发现热度不均，应调整各个分路、立管、支管上的阀门，使其基本达到平衡后，邀请各有关单位检查验收，并办理验收手续。 (7) 高层建筑的供暖管道冲洗与通热，可按设计系统的特点进行划分，按区域、独立系统、分若干层等逐段进行。 (8) 冬期通暖时，必须采取临时供暖措施，室温应保持5℃以上，并连续24h后方可进行正常运行。充水前先关闭总供水阀门，开启外网循环管的阀门，使热力外网管道先预热循环。分路或分立管通暖时，先向阳面的末端立管开始，打开总进口阀门，通水后关闭外网循环管的阀门。待已供热的立管上的散热器全部热后，再依次逐根、逐个分环路通热一直到全系统正常运行为止
3	低温地板辐射供暖系统通热	室内供暖系统冲洗	(1) 支管后的分配器竣工验收后，应对整栋楼的供回环路水温及水力平衡进行调试。 (2) 向地板供水，应先预热，供水温度不能骤然升高，初温不应高于25℃，最高不超过30℃，以30℃水温循环一天（24h）然后逐日升温，直到50℃为止，逐日升温5℃，并以小于或等于50℃水温正常运行

6 室 外 给 水

6.1 给水管道安装工序作业要点

卡片编码：室外给水 601，上道工序：土建交接。

序号	作业	前置任务	作业控制要点
1	管道敷设前的准备工作	技术准备	（1）管道铺设应在沟底标高和管道基础检查合格后进行，在铺设管道前要对管材、管件、橡胶圈、阀门等作一次外观检查，发现有问题时，不得使用。 （2）准备好下管的机具及绳索，并进行安全检查。对于管径在 150mm 以上的金属管道可用撬压绳法下管，直径大的要启用起重设备。对捻口连接的管道要对接口采取保护措施。 （3）如需设置管道支墩的，支墩设置应已施工完毕。 （4）管道安装前应用压缩空气或其他气体吹扫管道内腔，使管道内部清洁
2	管道的连接	管道敷设前的准备工作	（1）丝接和焊接工艺（适用于热镀锌钢管、焊接钢管、无缝钢管的安装）其工艺参见室内给水管道安装和消防管道安装。

序号	作业	前置任务	作业控制要点
2	管道的连接	管道敷设前的准备工作	(2) 胶圈接口的连接工艺（适用于硬聚氯乙烯管道 UPV 及铸铁管道）。1）检查管材、管件及胶圈质量，用棉纱清理干净承口内侧（包括胶圈凹槽）和插口外侧，不得有土或其他杂物，将橡胶圈安装在承口凹槽内，不得扭曲，异形胶圈必须安装正确，不得装反。2）涂刷润滑剂。可用毛刷将润滑剂均匀地涂在装嵌在承口内的胶圈和插口的外表面上；不得将润滑剂涂在承口内。3）塑料管端插入长度必须留出由于温差产生的伸量，伸量应按施工时闭合温差计算确定。4）插入深度确定后，必须按插入长度要求在管端表面划出一圈标记。连接时将插口端对准承口并保持管道轴线平直，将其一次插入，直至标线均匀外露在承口端部。5）小直径管道插入时宜用人力。在管端垫木块用撬棍将管子推入到位的方法可用于公称外径不大于 315mm 的管道；公称外径更大的管道，可用手动葫芦或专用拉力工具等拉入。6）当插入时阻力过大，应拔出检查胶圈是否扭曲，不得强行插入。插入后用塞尺顺接口间隙沿管圆周检查胶圈位置是否正确。7）当采用润滑剂降低插入阻力时，润滑剂应采用管材生产厂家提供的经检验合格的润滑剂。润滑剂必须对管材、弹性密封圈无任何损害作用。对输送饮用水的管道，润滑剂必须无毒、无味、无臭，且不会发育细菌。润滑剂禁止采用黄油或其他油类作润滑剂

序号	作业	前置任务	作业控制要点
3	管道的敷设	管道的连接	(1) 管道应敷设在原状土地基上或开挖后经过回填处理达到设计要求的回填层上。对高于原状地面的填埋试管道，管底的回填处理层必须落在达到支撑能力的原状土层上。 (2) 敷设管道时，可将管材沿管线方向排放在沟槽边上，依次放入沟底。为减少在沟内的操作量，对焊接连接的管材可在地面上连接到适宜下管的长度；承插连接的在地面连接一定长度，养护合格后下管，粘接连接一定长度后用弹性敷管法下管；橡胶圈柔性连接宜在沟槽内连接。 (3) 管道下管时，下管方法可分为人工下管和机械下管、集中下管和分散下管、单节下管和组合下管等方式。下管方法的选择可根据管径大小、管道长度和重量、管材和接口强度、沟槽和现场情况及拥有的机械设备数量等条件确定。下管时应精心操作，搬运过程中应慢起轻落，对捻口连接的管道要保护好捻口处，尽量不要使管口处受力。 (4) 在沟槽内施工的管道连接处，便于操作要挖槽坑，工作坑的尺寸见本标准管沟开挖。 (5) 塑料管道施工中须切割时，切割面要平直。插入式接头的插口管端应削倒角，倒角坡口后管端厚度一般为管壁厚的 $1/3 \sim 1/2$，倒角一般为 $15°$。完成后应将残屑清除干净，不留毛刺。

序号	作业	前置任务	作业控制要点
3	管道的敷设	管道的连接	(6) 采用橡胶圈接口的管道，允许沿曲线敷设，每个接口的最大偏转角不得超过 2°。 (7) 管道安装完毕后应按设计要求防腐，如设计无要求，参照本工艺质量标准部分防腐
4	阀门的安装	管道的敷设	(1) 阀门安装前应核对阀门的规格、型号和检查阀门的外观质量。 (2) 阀门安装前应做强度和严密性试验。试验应在每批（同牌号、同型号、同规格）数量中抽查 10%，且不应少于一个。对于安装在主干管上起切断作用的闭路阀门，应逐个做强度和严密性试验。阀门试压宜在专用的试压台上进行。 (3) 阀门的强度和严密性试验，应符合下列规定：阀门的强度试验压力为工称压力的 1.5 倍；严密性试验压力为公称压力的 1.1 倍；试验压力在试验持续时间内应保持不变，且壳体填料及阀瓣密封面无渗漏。 (4) 阀门的连接工艺参照管道的连接工艺。 (5) 井室内的阀门安装距井室四周的距离符合质量标准的规定。大于 $DN50$ 以上的阀门要有支托装置。 (6) 阀门法兰的衬垫不得凸入管内，其外边缘接近螺栓孔为宜，不得安装双垫或偏垫。 (7) 连接法兰的螺栓，直径和长度应符合标准，拧紧后，突出螺母的长度不应大于螺杆直径的 1/2

序号	作业	前置任务	作业控制要点
5	管道水压试验及消毒	阀门的安装	(1) 铺设连接试验管道，进水管段，安装阀门、试压泵、压力表等（具体布置应编写水压试验方案）。 (2) 缓慢充水，冲水后应把管内空气全部排尽。 (3) 空气排尽后，将检查阀门关闭好，进行加缓慢加压，先升至工作压力检查，再升至试压压力观察，然后降至工作压力读表，符合本标准质量标准为合格。 (4) 升压过程中，若发现弹簧压力计表针摆动、不稳且升压缓慢，则气体没排尽，应重新排气后再升压。 (5) 试压过程中，全部检查，若发现接口渗漏，应做出明显标记，待压力降至零后，制定修补措施全面补修，再重新试验，直至合格。 (6) 试验合格后，进行冲洗，冲洗合格后，应立即办理验收手续，组织回填。 (7) 新建室外给水管道与室内管道连接前，应经室内外全部冲洗合格后方可连接。 (8) 冲洗标准当设计无规定时，以出口的水色和透明度与入口处的进水，目测一致为合格。 (9) 饮用水管道在使用前的消毒用每升水含20～30mg 的游离氯的清水灌满后消毒。含氯水在管道中应静置 24h 以上，消毒后再用水冲洗。常用的消毒剂是漂白粉，进行消毒处理时，把漂白粉放入水桶内，加水搅拌溶解，随同管道充水一起加入管段，浸泡 24h 后，放水冲洗

6.2 消防水泵接合器及室外消火栓安装工序作业要点

卡片编码：室外给水 602，上道工序：管道安装。

序号	作业	前置任务	作业控制要点
1	安装前准备工作		(1) 消火栓和消防水泵接合器的阀门安装见标准阀门安装工艺。室外消火栓、消防消防水泵接合器的安装应参照标准图集 01S201、99S203。 (2) 消火栓管道的安装分支管安装和干管安装两种形式，要根据现场的实际地理情况选用。 (3) 安装形式为"浅装"的消火栓，从干管接出的支管应尽量短
2	消火栓消防水泵接合器和室外消火栓安装	安装前准备工作	(1) 消火栓短管与给水管道的连接可采用法兰、承插接口形式，一般情况下压力为 1.6MPa 的采用法兰连接，压力为 1.0MPa 的采用承插连接，订货时要注明连接形式（连接工艺见管道安装标准）。 (2) 消火栓设有自动放水装置，当内置出水阀门关闭时自动放空消火栓内留存的积水，以防消火栓冻裂。 (3) 消火栓弯管底座或消火栓三通下设支墩，支墩必须托紧弯管或三通底部。

序号	作业	前置任务	作业控制要点
2	消火栓消防水泵接合器和室外消火栓安装	安装前准备工作	（4）当泄水口位于井室之外时，应在泄水口处做卵石渗水层，卵石粒径为 20～30mm，铺设半径不小于 500mm，铺设深度自泄水口以上 200m 至槽底。铺设卵石时应注意保护泄水装置。 （5）埋入土中的管道防腐按图纸设计要求，法兰接口涂沥青冷底子油及沥青漆各两道，并用沥青麻布或 0.2mm 厚底塑料薄膜包严。 （6）消防水泵接合器的阀组安装。 （7）如供暖室外计算温度低于零下 15℃ 的地区，应做保温井口或采取其他保温措施，保温井口的做法应按设计或图集要求进行。 （8）消火栓和水泵消防接合器的水压试验和冲洗参照与管网水压试验和冲洗

6.3 管沟及井室施工工序作业要点

卡片编码：室外给水 603，上道工序：土建交接。

序号	作业	前置任务	作业控制要点
1	测量、定位	技术准备	（1）测量之前先找固定好的水准点，其精度不应低于Ⅲ级。

序号	作业	前置任务	作业控制要点
1	测量、定位	技术准备	(2) 在测量过程中，沿管道线路设置临时水准点。 (3) 测量管线中心线和转弯处的角度。并与当地固定建筑物相连。 (4) 若管道线路与地下原有管道或构筑物交叉处，要设置特别标记示众。 (5) 在测量过程中应做好记录，并记明全部水准点和连接线。 (6) 给水管道坐标和标高偏差要符合本标准的规定，从测量定位起就应控制偏差值符合偏差要求
2	沟槽开挖	测量、定位	(1) 按当地冻结层深度；通过计算确定沟槽开挖尺寸，放出上开口挖槽线。$D<300mm$ 时为：$D+$管皮$+$冻结深$+0.2m$，$D>300mm$ 时为：$D+$管皮$+$冻结深，$D>600mm$ 时为：$D+$管皮$+$冻结深$-0.3m$。 (2) 按设计图纸要求及测量定位的中心线，依据沟槽开挖计算尺寸，撒好灰线。 (3) 按人数和最佳操作面划分段，按照从浅到深顺序进行开挖。 (4) 一、二类土可按 30cm 分层逐层开挖，倒退踏步型开挖，三、四类土先用镐翻松，再按 30cm 左右分层正向开挖。 (5) 每挖一层清底一次，挖深 1m 切坡成型一次，并同时抄平，在边坡上打好水平控制小木桩。

序号	作业	前置任务	作业控制要点
2	沟槽开挖	测量、定位	(6) 挖掘管沟和检查井底槽时，沟底留出15～20cm暂不开挖。待下道工序进行前，抄平开挖，如个别地方不慎破坏了天然土层，要先清除松动土壤，用砂等填至标高，夯实。 (7) 岩石类管基填以厚度不小于100mm的砂层。 (8) 当遇到有地下水时，排水或人工抽水应保证下道工序进行前将水排除。 (9) 敷设管道前，应按规定进行排尺，并将沟底清理道设计标高。 (10) 采用机械挖沟时，应有专人指挥。为确保机械挖沟时沟底的土层不被扰动和破坏，用机械挖沟时，当天不能下管时，沟底应留出0.2m左右一层不挖，待铺管前人工清挖。
3	回填	沟槽开挖	(1) 管道安装验收合格后应立即回填。 (2) 回填时沟槽内应无积水，不得带水回填，不得回填淤泥、有机物及冻土。回填土中不得含有石块、砖及其他杂硬物体。 (3) 沟槽回填应从管道、检查井等构筑物两侧同时对称回填，确保管道不产生位移，必要时可采取限位措施。 (4) 管道两侧及管顶以上0.5m部分的回填，应同时从管道两侧填土分层夯实，不得损坏管子和防腐层，沟槽其余部分的回填也应分层夯实。管子接口工作坑的回填必须仔细夯实。

序号	作业	前置任务	作业控制要点
3	回填	沟槽开挖	（5）回填设计填砂时应遵照设计要求。 （6）管顶 0.7m 以上部位可采用机械回填，机械不能直接在管道上部行驶。 （7）管道回填宜在管道充满水的情况下进行，管道敷设后不宜长期处于空管状态

7 室外排水

7.1 排水管道安装工序作业要点

卡片编码：室外排水 701，上道工序：土建交接。

序号	作业	前置任务	作业控制要点
1	管道铺设	技术准备	（1）下管前的准备工作。1）检查管材、套环及接口材料的质量。管材有破裂、承插口缺肉、缺边等缺陷不允许使用。2）检查基础的标高和中心线。基础混凝土强度须达到设计强度等级的 50% 和不小于 5MPa 时方准下管。3）管径大于 700mm 或采用吊车下管法，须先挖马道，宽度为管长 300mm 以上，坡度采用 1∶15。4）用其他方法下管时，要检查所用的大绳、木架、捯链、滑车等机具，无损坏现象方可使用。临时设施要绑扎牢固，下管后座应稳固牢靠。5）校正测量及复核坡度板，是否被挪动过。6）铺设在地基上的混凝土管，根据管子规格量准尺寸，下管前挖好枕基坑，枕基低于管底皮 10mm。

序号	作业	前置任务	作业控制要点
1	管道铺设	技术准备	(2) 下管。1) 根据管径大小，现场的施工条件，分别采用压绳法、三角架、木架漏大绳、大绳二绳挂钩法、捯链滑车、列车下管法等。2) 下管前要从两个检查井的一端开始，若为承插管铺设时以承口在前。3) 稳管前将管口内外全刷洗干净，管径在 600mm 以上的平口或承插管道接口，应留有 10mm 缝隙，管径在 600mm 以下者，留出不小于 3mm 的对口缝隙。4) 下管后找正拨直，在撬杠下垫以木板，不可直插在混凝土基础上。待两窨井间全部管子下完，检查坡度无误后即可接口。5) 使用套环接口时，稳好一根管子，再安装一个套环。铺设小口径承插管时，稳好第一节管后，在承口下垫满灰浆，再将第二节管插入，挤入管内的灰浆应从里口抹平
2	管道接口	管道铺设	(1) 承插铸铁管、混凝土管及缸瓦管接口。1) 水泥砂浆抹口或沥青封口，在承口的 1/2 深度内，宜用油麻填严塞实，再抹 1∶3 水泥砂浆或灌沥青玛琋脂。一般应用在套环接口底混凝土管上。2) 承插铸铁管或陶土管（缸瓦管）一般采用 1∶9 水灰比的水泥打口。先在承口内打好 1/3 的油麻，将和好的水泥，自下向上分层打实再抹光，覆盖湿土养护。 (2) 套环接口。1) 调整好套环间隙。借用小木楔 3~4 块将缝垫匀，让套环与管同心，套环的结合面用水冲洗干净，保持湿润。

序号	作业	前置任务	作业控制要点
2	管道接口	管道铺设	2) 按照石棉：水泥＝2：7 的配合比拌好填料，用錾子将灰自下而上地边填边塞，分层打紧。管径在 600mm 以上的要做到四填十六打，前三次每填 1/3 打四遍。管径在 500mm 以下采用四填八打，每填一次打两遍。最后找平。3) 打好的灰口，较套环的边凹 2～3mm，打时，每次灰钎子重叠一半，要打实、打紧、打匀。填灰打口时，下面垫好塑料布，落在塑料布上的石棉灰，1h 内可再用。4) 管径大于 700mm 的对口缝较大时，在管内用草绳塞严缝隙，外部灰口打完再取出草绳，随即打实内缝。切勿用力过大，免得松动外面接口。管内、管外打灰口时间不准超过 1h。5) 灰口打完用湿草袋盖住，1h 后洒水养护，连续 3d。(3) 平口管子接口。1) 水泥砂浆抹带接口必须在八字包接头混凝土浇筑完以后进行抹带工序。2) 抹带前洗刷净接口，并保持湿润。在接口部位先抹上一层薄薄的水泥浆，分两层抹压，第一层为全厚的 1/3。将其表面划成线槽，使表面粗糙，待初凝后再抹第二层。然后用弧形抹子赶光压实，覆盖湿草袋，定时浇水养护。3) 管子直径在 600mm 以上接口时，对口缝留 10mm。管端如不平以最大缝隙为准。注意接口时不可用碎石、砖块塞缝。处理方法同上所述。4) 设计无特殊要求时带宽如下：管径小于 450mm 时，带宽为 100mm、高 60mm；管径大于或等于 450mm 时，带宽为 150mm、高 80mm。

序号	作业	前置任务	作业控制要点
2	管道接口	管道铺设	（4）塑料管溶剂粘接连接。1）检查管材、管件质量。必须将管端外侧和承口内侧擦拭干净，使被粘接面保持清洁、无尘砂与水迹。表面粘有油污时，必须用棉纱蘸丙酮等清洁剂擦净。2）采用承口管时，应对承口与插口的紧密程度进行验证。粘接前必须将两管试插一次，使插入深度及松紧度配合情况符合要求，并在插口端表面划出插入承口深度的标线。管端插入承口深度可按现场实测的承口深度。3）涂抹胶粘剂时，应先涂承口内侧，后涂插口外侧，涂抹承口时应顺轴向由里向外涂抹均匀、适量，不得漏涂或涂抹过量。4）涂抹胶粘剂后，应立即找正方向对准轴线将管端插入承口，并用力推挤至所画标线。插入后将管旋转1/4圈，在不少于60s时间内保持施加的外力不变，并保证接口的直度和位置正确。5）插接完毕后，应及时将接头外部挤出的胶粘剂擦拭干净。应避免受力或强行加载，其静止固化时间不应少于规定的时间。6）粘接头时不得在雨中或水中施工，不宜在5℃以下操作。所使用的胶粘剂必须经过检验，不得使用已出现絮状物的胶粘剂，胶粘剂与被粘接管材的环境温度宜基本相同，不得采用明火或电炉等设施加热胶粘剂

7.2 排水管沟及井池工序作业要点

卡片编码：室外排水 702，上道工序：土建交接。

序号	作业	前置任务	作业控制要点
1	测量	技术准备	(1) 找到当地准确的永久性水准点。将临时水准点设在稳固和静静之处，尽量选择永久性建筑物，距沟边大于 10m，对居住区以外的管道水准点不低于 N 级，一般不低于Ⅲ级。 (2) 水准点闭合差不大于 4mm/km。 (3) 沿着管线的方向定出管道中心和转线角出检查井的中心点，并与当地固定建筑物相连。 (4) 新建排水管与构筑物与地下原有管道或构筑物交叉处，要设置特别标记示众。 (5) 确定堆土、堆料、运料、下管的区间或位置。 (6) 核对新排水管道末端接旧有管道的底标高，核对设计坡度
2	放线开挖	测量	(1) 根据导线桩测定管道中心线，在管线的起点、终点和转角处，钉一较长的大木桩作中心控制桩。用两个固定点控制此桩将窨井位置相继用段木桩钉出。 (2) 根据设计坡度计算挖槽深度，放出上开口挖槽线。 (3) 测定雨水井等附属构筑物的位置。

序号	作业	前置任务	作业控制要点
2	放线开挖	测量	(4) 在中心桩钉个小钉，用钢尺量出间距，在窨井中心牢固埋设水平板，不高出地面，将平板测为水平。板上钉出管道中心标志作挂线用，在每块水平板上注明井号、沟宽、坡度和立板至各控制点的常数。 (5) 用水准仪测出水平板顶标高，以便确定坡度。在中心确定T形板，使下缘水平。且和沟底标高为一常数，在另一窨井的水平板同样设置，其常数不变。 (6) 挖沟过程中，对控制坡度的水平板要注意保护和复测。 (7) 挖至沟底时，在沟底补钉临时桩以便控制标高，防止多挖而破坏自然土层。可留出100mm暂不挖。 (8) 挖沟深度在2m以内时，采用脚手架进行接力倒土，也可用边坡台阶二次出土。根据沟槽土质及沟深不同，酌情设置支撑加固
3	化粪池、检查井施工	开挖放线	(1) 砖砌体材料宜采用烧结普通砖。 (2) 砖砌体的转角处和交接处应同时砌筑。对不能同时砌筑而又必须留置的临时间断处应砌成斜槎，斜槎水平投影长度不应小于高度的2/3。 (3) 竖向灰缝不得出现透明缝、瞎缝和假缝。 (4) 混凝土应采用普通混凝土或防水混凝土。

序号	作业	前置任务	作业控制要点
3	化粪池、检查井施工	开挖放线	(5) 施工缝的位置应在混凝土浇筑前按设计要求和施工技术方案确定。施工缝的处理应按施工技术方案执行。 (6) 混凝土中掺用外加剂的质量及应用技术应符合现行国家标准《混凝土外加剂》GB 8076、《混凝土外加剂应用技术规范》GB 50119 等和有关环境保护的规定。 (7) 当地下水位高于基坑底面时，应采用地面截水、坑内抽水、井点降水等有效措施来降低地下水位。同时及时观察坑内、坑外降水的标高，以确定对周围环境的影响程度，并及时采取措施，防止降水而产生的影响，如坑内降水坑外回灌等。 (8) 冬雨期施工措施按相关方案执行。 (9) 井室的尺寸应符合设计要求，允许偏差±20mm（圆形井指其直径；矩形井指其边长）。 (10) 安装混凝土预制井圈，应将井圈端部洗干净并用水泥砂浆将接缝抹光。 (11) 砖砌井室。地下水位较低，内壁可用水泥砂浆勾缝；水位较高，井室的外壁应用防水砂浆抹面，其高度应高出最高水位 200～300mm。含酸性污水检查井，内壁应用耐酸水泥砂浆抹面。

序号	作业	前置任务	作业控制要点
3	化粪池、检查井施工	开挖放线	(12) 排水检查井需作流槽，应用混凝土浇筑或用砖砌筑，并用水泥砂浆抹光。流槽的高度等于引入管中的最大直径，允许偏差±10mm。流槽下部断面为半圆形，其直径同引入管管径相等。流槽上部应作垂直墙，其顶面应有0.05的坡度。排除管同引入管直径不相等，流槽应按两个不同直径做成渐扩形。弯曲流槽同管口连接处应有0.5倍直径的直线部分，弯曲部分为：圆弧形，管端应同井壁内表面齐平。管径大于500mm，弯曲流槽同管口的连接形式应由设计确定。 (13) 在高级和一般路面上，井盖上表面应同路面相平，允许偏差为±5mm。无路面时，井盖应高出室外地平设计标高50mm，并应在井口周围以0.02的坡度向外作护坡。如采用混凝土井盖，标高应以井口计算。 (14) 安装在室外的地下消火栓、给水表井和排水检查井等用的铸铁井盖，应有明显区别，重型与轻型井盖不得混用。 (15) 管道穿过井壁处，应严密、不漏水。 (16) 未尽事宜，请参阅相关验收标准及规范

8　室外供热

8.1　管道及配件安装工序作业要点

卡片编码：**室外供热 801**，上道工序：**土建交接**。

序号	作业	前置任务	作业控制要点
1	管沟开挖		见室外给水管道安装工序作业要点卡片
2	支架制作安装	管沟开挖	（1）管道支、吊架可根据设计或需要选择下列类型的支吊架。 （2）管架基础施工。1）根据设计图纸进行测量，每个管、架位置上打进中心桩（或中心控制桩），然后用白灰放出管架基础坑的位置线。2）采用人工挖土，沿灰线直边切出坑槽边的轮廓线。一、二类土，按30cm分层逐步开挖，三、四类土，先用镐翻动按30cm分层，每挖一层清底一次。出土堆放先向远处松甩，挖土距坑槽底约 15～20cm 处，先预留不挖，下道工序进行前，按控制抄平木桩找平。3）进行混凝土基础的施工，同时，要把事先按设计图预制好的铁件（地脚螺栓或预留空洞）及时预埋好，用水平仪找准设计标高。如果为预埋地脚螺栓，要注意找直、找正。在丝扣部位刷上黄油后用灰袋纸或塑料布包扎好，防止损坏丝扣。

序号	作业	前置任务	作业控制要点
2	支架制作安装	管沟开挖	（3）管架和管道支座预制。1）按设计图编制加工草图，按程序进行放样，放样前将钢平台清理干净，校核划线工具，注意留出焊接收缩量和切割加工余量。2）切割前，先将钢材表面切割区域内的铁锈、油污清理干净。切割后，切口上不允许有裂纹、夹层和大于1.0mm的缺陷。3）组对焊接时，按设计要求根据焊接工艺进行。焊接前，根据管架具体结构形式，采用反变形法、刚性固定法、临时固定法、焊接工艺控制法，达到减少变形的目的。4）管架焊制后须进行检查、校核。滑动支座、固定支座、导向支座组对焊前，先进行钻孔，焊接后分类保管待用。U形螺栓均需按图纸要求的位置、数量预先加工好，与支座配套使用。 （4）管道支架安装。1）架空管架安装：管架基础达到强度后，根据管架的外形尺寸、重量，可采用吊车、卷扬机、三木搭等不同的方法将管架立起就位。并同时架设好经纬仪随时找正找直。如果采用预理铁件焊接固定，要严格保证焊接质量，要焊透焊牢。地脚螺栓连接时，要从四个方向、对称地、均匀地拧紧螺栓。

序号	作业	前置任务	作业控制要点
2	支架制作安装	管沟开挖	2) 地沟内管架安装：在地沟内壁上，测出水平基准线，按照支架的间距值在壁上定出支架位置，做上记号打眼或预留孔洞。用水浇湿已打好的洞，灌入1:2水泥砂浆，把预制好的型钢支架载进洞内，用碎砖或石块塞紧，再用抹子压紧抹平。如果沟垫层有预埋铁件，打垫层时，应将预制好的铁件配合土建找准位置预埋
3	补偿器安装	管道安装	为了防止管道热胀冷缩产生变形甚至破坏支架，室外热力管网安装时，应按设计要求设置补偿器。补偿器分为自然和人工补偿器两种。供热管网常采用方形补偿器，应设在两固定支架之间直管段的中点。 (1) 为了减少热态下（即运行时）补偿器的弯曲应力，提高其补偿能力，安装方形补偿器时应进行预拉伸或预撑（即不加热进行冷拉或冷撑）。 (2) 预拉伸（预撑）量为补偿管段（即两固定支架之间管段）热延伸量$\triangle L$的1/2。 (3) 预拉伸的方法：通常采用拉管器、手拉葫芦，也可采用千斤顶进行预撑
4	疏水器安装	管道安装	为了保证管道的正常运行，及时地排除管道内的凝结水，管道应设置疏水和启动排水排空装置。 (1) 蒸汽管道的疏水装置。1) 蒸汽管道的各低点；2) 垂直升高的管段之前；3) 水平管道每隔50m设一个；4) 可能聚集凝结水的管道闭塞处。

序号	作业	前置任务	作业控制要点
4	疏水器安装	管道安装	（2）蒸汽管道的启动排水装置应设在下列各处：1）启动时有可能积水的最低点；2）管道拐弯和垂直升高的管段之前；3）水平管道上，每隔100～150m设一个； （3）水平管道上，流量测量装置的前面。 （4）蒸汽和凝结水管道的排空气装置。1）在蒸汽管道的高点设手动放空气阀（平时不用），当管道系统进行水压试验（向管道内充水）或初次通蒸汽运行时，利用此阀门排除管道系统内的空气。2）在凝结水干管的始端（高点）设自动放空气阀，若采用不带排气阀的疏水器时，在疏水器的前方应装设放空气阀。以便在系统运行过程中能及时排除凝结水管道内的空气。3）在供、回管道干管的高点和分段阀之间管段的高点应设置放水和排气装置。为了检修时减少热水的损失和缩短放水时间，应在供、回水干管上每隔800～1000m设一分段阀
5	阀门安装	管道安装	（1）阀门安装前应核对阀门的规格型号和检查阀门的外观质量。 （2）阀门安装前应做强度和严密性试验。试验应在每批（同牌号、同型号、同规格）数量中抽查10%，且不应少于一个。对于安装在主干管上起切断作用的闭路阀门，应逐个做强度和严密性试验。阀门试压宜在专用的试压台上进行。

序号	作业	前置任务	作业控制要点
5	阀门安装	管道安装	(3) 阀门的强度和严密性试验，应符合下列规定：阀门的强度试验压力为工称压力的 1.5 倍；严密性试验压力为公称压力的 1.1 倍；试验压力在试验持续时间内应保持不变，且壳体填料和阀瓣密封面无渗漏。 (4) 阀门的连接工艺参照管道的连接工艺。 (5) 井室内的阀门安装距井室四周的距离符合质量标准的规定。大于 $DN50$ 以上的阀门要有支托装置。 (6) 阀门法兰的衬垫不得凸入管内，其外边缘接近螺栓孔为宜，不得安装双垫或偏垫。 (7) 连接法兰的螺栓，直径和长度应符合标准，拧紧后，突出螺母的长度不应大于螺杆直径的 1/2
6	减压阀、除污器、调压孔板安装	管道安装	(1) 减压阀的阀体应垂直安装在水平管道上，前后应安装法兰止阀。安装时应注意方向，不得装反。安装完后，应根据使用压力进行调试。 (2) 除污器安装：热介质应从管板孔的网格外进入。安装时应设专门支架，但所设支架不能妨碍排污，同时需注意水流方向与除污器方向相同。系统试压与清洗后，应清扫除污器。 (3) 调压孔板安装：调压孔板是用不锈钢或铝合金制作的圆板，开孔的位置及直径由设计决定。介质通过不同孔径的孔板起到节流，增加阻力损失起到减压作用。安装时夹在两片法兰的中间，两侧加垫石棉垫片，减压孔板应待整个系统冲洗干净后方可安装

序号	作业	前置任务	作业控制要点
7	防腐保温	管道安装	保温施工程序：防腐层施工→保温层施工→保护层施工和涂刷色漆或冷底子油。 （1）防腐层施工：管道在铺设之前已涂刷底漆两道，铺管时若管身漆面有损伤处，应补刷。此次应将接口、弯头、和方形补偿器等处涂刷底漆两道。 （2）保温层施工：保温层施工有预制瓦砌筑、包扎、填充、浇灌、手工涂抹和现场发泡等方法，其中常采用预制瓦砌筑法。施工时在管道的弯头处应留伸缩缝，缝内填石棉绳。在阀门、法兰等处常采用涂抹法施工。 （3）保护层施工：一般为石棉水泥保护层，涂抹厚度为 10～15mm，要求厚度一致，光滑美观，底部不得出现鼓包。 （4）涂刷色漆：色漆拌合要均匀，涂刷时，动作要快，要求均匀、美观

8.2　系统水压试验及调试工序作业要点

卡片编码：室外供热 802，上道工序：管道安装。

序号	作业	前置任务	作业控制要点
1	水压试验	管道安装	（1）试压以前，须对全系统或试压管段的最高处防风阀、最低处的泄水阀进行检查。

序号	作业	前置任务	作业控制要点
1	水压试验	管道安装	（2）根据管道进水口的位置和水源距离，设置打压泵，接通上水管道，安装好压力表，监视系统的压力下降。 （3）检查全系统的管道阀门关闭状况，观察其是否满足系统或分段试压的要求。 （4）灌水进入管道，打开放空气阀，当放空气阀出水时关闭，间隔短时间后在打开放空气阀，依次顺序关启数次，直至管内空气放完方可加压。加压至试验压力，热力管网的试验压力应等于工作压力的 1.5 倍，不得小于 0.6MPa，稳压 10min，如压力降不大于 0.05MPa，即可将压力降到工作压力。可以用重量不大于1.5kg的手锤敲打管道局焊口 150mm 处，检查焊缝质量，不渗、不漏为合格。 （5）试压合格后，填写试压试验记录
2	热力管网系统冲洗	水压试验	（1）热水管的冲洗。用 0.3～0.4MPa 压力的自来水对供水及回水干管分别进行冲洗，当接入下水道的出口流出水洁净时，认为合格。然后再以 1～1.5m/s 的速度进行循环冲洗，延续 20h 以上，直至从回水总干管出口流出的水色透明为止。 （2）蒸汽管的冲击在冲洗段末端与管道垂直升高处设冲洗口，冲洗管使用钢管焊接在蒸汽管道下侧，并装设阀门。1）拆除管道中的流量孔板、温度计、滤网、止回阀、疏水阀等。

序号	作业	前置任务	作业控制要点
2	热力管网系统冲洗	水压试验	2）缓缓开启总阀门，切勿使蒸汽流量和压力增加过快。3）冲洗时先将各冲洗口阀门打开，再开大总进气阀，增大蒸汽量进行冲洗，延续20～30min，直至蒸汽完全清洁为止。4）冲洗后拆除冲洗管及排气管，将水放尽
3	热力管网的灌充、通热	热力管网系统冲洗	（1）用软化水将热力管网全部充满。 （2）启动循环水泵，使水缓慢加热，要严防产生过大的温差应力。 （3）同时，注意检查伸缩器支架工作状况，发现异常情况要及时处理，直到全系统达到设计温度为止。 （4）管网的介质为蒸汽时，向管道灌充，要逐渐地缓缓开启分汽缸上的供汽阀门，同时仔细观察管网的伸缩器、阀件等工作情况
4	各用户供暖介质的引入与系统调试	热力管网的灌充、通热	（1）若为机械热水供暖系统，首先使水泵运转达到设计要求的压力。 （2）然后开启建筑物内引入管的回、供水（气）阀门。要通过压力表监视水泵及建筑物内的引入管上的总压力。 （3）热力管网运行中，要注意排尽管网内空气后方可进行系统调试工作。 （4）室内进行初调后，可对室外各用户进行系统调节。

序号	作业	前置任务	作业控制要点
3	热力管网的灌充、通热	热力管网系统冲洗	(5) 系统调节从最远的用户及最不利供热点开始，利用建筑物进户处引入管的供回水温度计，观察其温度差的变化，调节进户流量。 (6) 系调的步骤。1) 首先将最远用户的阀门开到头，观察其温度差，如温差小于设计温差，则说明该用户进户流量大，如温度大于设计温差，则说明该用户进户流量小，可用阀门进行调节。2) 按上述方法再调节倒数第二户，将这两入户的温度调至相同为止，这说明最后两户的流量平衡。倘若达不到设计温度，须这样逐一调节、平衡。3) 再调整倒数第三户，使其与倒数第二户的流量平衡。在平衡倒数第二、三户过程中，允许再适当稍动这两户的进口调节阀，此时第一户已定位，该进户调节阀不准拧动，并且做上定位标记。4) 依次类推，调整倒数第四户使其与倒数第三户的流量平衡。允许再稍动第三户阀门，但在第二阀门上应做上定位标记，不准拧动。5) 调完全部进户阀门后，若流量还有剩余，最后可调节循环水泵的阀门。6) 检查验收、填写调试记录

9 建筑中水及游泳池

9.1 建筑中水系统管道及辅助设备安装工序作业要点

卡片编码：建筑中水及游泳池 901，上道工序：土建交接。

序号	作业	前置任务	作业控制要点
1	中水原水管道系统安装	技术准备	中水原水管道系统安装应遵守下列要求。 （1）中水原水管道系统宜采用分流集水系统，以便于选择污染较轻的原水，简化处理流程和设备，降低处理经费。 （2）便器与洗浴设备应分设或分侧布置，以便单独设置支管、立管，有利于分流集水。 （3）污废水支管不宜交叉，以免横支管标高降低过多，影响室外管线及污水处理设备的标高。 （4）室内外原水管道及附属构筑物均应防渗漏，井盖应做"中"字标志。 （5）中水原水系统应设分流、溢流设施和跨越管，其标高及坡度应能满足排放要求
2	中水供水系统安装	技术准备	中水供水系统是给水供水系统的一个特殊部分，所以其供水方式与给水系统相同。主要依靠最后处理设备的余压供水系统、水泵加压供水系统和气压罐供水系统等。

序号	作业	前置任务	作业控制要点
2	中水供水系统安装	技术准备	(1) 中水供水系统必须单独设置。中水供水管道严禁与生活饮用水给水管道连接，并应采取下列措施。1) 中水管道及设备、受水器等外壁应涂浅绿色标志。2) 中水池（箱）、阀门、水表及给水栓均应有"中水"标志。 (2) 中水管道不宜暗装于墙体和楼板内。如必须暗装于墙槽内时，必须在管道上有明显且不会脱落的标志。 (3) 中水管道与生活饮用水管道、排水管道平行埋设时，其水平净距离不得小于 0.5m，交叉埋设时，中水管道应位于生活饮用水管道下面，排水管道的上面，其净距离不应小于 0.15m。 (4) 中水给水管道不得装设取水水嘴。便器冲洗宜采用密闭型设备和器具。绿化、浇洒、汽车冲洗宜采用壁式或地下式的给水栓。 (5) 中水高位水箱应与生活高位水箱分设在不同的房间内，如条件不允许，只能设在同一房间内，与生活高位水箱的净距离应大于 2m。止回阀安装位置和方向应正确，阀门启闭应灵活。 (6) 中水供水系统的溢流管、泄水管均应采取间接排水方式排出，溢流管应设隔网。 (7) 中水供水管道应考虑排空的可能性，以便维修

序号	作业	前置任务	作业控制要点
3	调试验收	系统安装	（1）为确保中水系统的安全，试压验收要求不应低于生活饮用给水管道。 （2）原水处理设备安装后，应经试运行检测中水水质符合国家标准后，方可办理验收手续

9.2 游泳池水系统安装工序作业要点

卡片编码：建筑中水及游泳池 902，上道工序：土建交接。

序号	作业	前置任务	作业控制要点
1	给水系统安装	技术准备	给水系统安装参见给水作业卡片。 （1）循环水系统的管道，一般应采用给水铸铁管。如采用钢管时，管内壁应采取符合饮用水要求的防腐措施。 （2）循环水管道，宜敷设在沿游泳池周边设置的管廊或管沟内。如埋地敷设，应采取防腐措施
2	排水系统安装	技术准备	排水系统安装参见排水作业卡片。 （1）游泳池地面，应采取有效措施防止冲洗排水流入池内。冲洗排水管（沟）接入雨污水管系统时，应设置防止雨污水回流污染的措施。 （2）重力泄水排入排水管道时，应设置防止雨污水回流污染的措施

序号	作业	前置任务	作业控制要点
3	附属设备安装	技术准备	附属设备安装参见相关设备安装作业卡片。 (1) 机械方法泄水时，宜用循环水泵兼作提升泵，并利用过滤设备反冲洗排水管兼作泄水排水管。 (2) 游泳池的给水口、回水口、泄水口、溢流槽、格栅等安装时其外表面应与池壁或池底面相平

10 供热锅炉

10.1 锅炉安装工序作业要点

卡片编码：供热锅炉 1001，上道工序：土建交接。

序号	作业	前置任务	作业控制要点
1	基础放线验收及放置垫铁	技术准备	（1）锅炉房内清扫干净，将全部地脚螺栓孔内的杂物清出，并用皮风箱（皮老虎）吹扫。 （2）根据锅炉房平面图和基础图放安装基准线。1）锅炉纵向中心基准线。2）锅炉排前轴基准线或锅炉前面板基准线，如有多台锅炉时，应一次放出基准线。在安装不同型号的锅炉而上煤是一个系统时，应保证煤斗中心在一条基准线上。3）炉排传动装置的纵横向中心基准线。4）省煤器纵、横向中心基准线。5）除尘器纵、横向中心基准线。6）送风机、引风机的纵、横向中心基准线。7）水泵、钠离子交换器纵、横向中心基准线。8）锅炉基础标高基准点，在锅炉基础上或基础四周选有关的若干地点分别做标记，各标记间的相对位移不应超过 3mm。 （3）当基础尺寸、位置不符合要求时，必须经过修正达到安装要求后再进行安装。 （4）基础放线验收应有记录，并作为竣工资料归档。

序号	作业	前置任务	作业控制要点
1	基础放线验收及放置垫铁	技术准备	(5) 整个基础平面要修整铲麻面，预留地脚螺栓孔内的杂物清理干净，以保证灌浆的质量。垫铁组位置要铲平，宜用砂轮机打磨，保证水平度不大于 2mm/m，接触面积大于 75% 以上。 (6) 在基础平面上，划出垫铁布置位置，放置时按设备技术文件规定摆放。垫铁放置的原则是：负荷集中处，靠近地脚螺栓两侧，或是机座的立筋处。相临两垫铁组间距离一般为 300~500mm，若设备安装图上有要求，应按设备安装图施工。垫铁的布置和摆放要做好记录，并经监理代表签字认可
2	锅炉本体安装	基础放线验收及放置垫铁	(1) 锅炉水平运输。1) 运输前应先选好路线，确定锚点位置，稳好卷扬机，铺好道木。2) 用千斤顶将锅炉前端（先进锅炉房的一端）顶起放进滚杠，用卷扬机牵引前进，在前进过程中，随时倒滚杠和道木。道木必须高于锅炉基础，保护基础不受损坏。 (2) 当锅炉运到基础上以后，不撤滚杠先进行找正。应达到下列要求。1) 锅炉炉排前轴中心线应与基础前轴中心基准线相吻合，允许偏差±2mm。2) 锅炉纵向中心线与基础纵向中心基准线相吻合，或锅炉支架纵向中心线与条形基础纵向中心基准线相吻合，允许偏差±10mm。

序号	作业	前置任务	作业控制要点
2	锅炉本体安装	基础放线验收及放置垫铁	（3）撤出滚杠使锅炉就位。1）撤滚杠时用道木或木方将锅炉一端垫好。用两个千斤顶将锅炉的另一端顶起，撤出滚杠，落下千斤顶，使锅炉一端落在基础上。再用千斤顶将锅炉另一端顶起，撤出剩余的滚杠和木方，落下千斤顶使锅炉全部落到基础上。如不能直接落到基础上，应再垫木方逐步使锅炉平稳地落到基础上。2）锅炉就位后应进行校正：因锅炉就位过程中可能产生位移，用千斤顶校正，达到允许偏差以内。 （4）锅炉找平及找标高。1）锅炉纵向找平：用水平尺（水平尺长度不小于 600mm）放在炉排的纵排面上，检查炉排面的纵向水平度。检查点最少为炉排前后两处。要求炉排面纵向应水平或护排面略坡向炉膛后部。最大倾斜度不大于 10mm。当锅炉纵向不平时，可用千斤顶将过低的一端顶起，在锅炉的支架下垫以适当厚度的钢板，使锅炉的水平度达到要求。垫铁的间距一般为 500~1000mm。2）锅炉横向找平：用水平尺（长度不小于 600mm）放在炉排的横排面上，检查炉排面的横向水平度，检查点最少为炉排前后两处，炉排的横向倾斜度不得大于 5mm（炉排的横向倾斜过大会导致炉排跑偏）。当炉排横向不平时，用千斤顶将锅炉一侧支架同时顶起，在支架下垫以适当厚度的钢板。垫铁的间距一般为 500~1000mm。3）锅炉标高确定：在锅炉进行纵、横向找平同时兼顾标高的确定，标高允许偏差为±5mm。

序号	作业	前置任务	作业控制要点
2	锅炉本体安装	基础放线验收及放置垫铁	（5）炉底风室的密封要求。1）锅炉由炉底送风的风室及锅炉底座与基础之间必须用水泥砂浆堵严，并在支架的内侧与基础之间用水泥浆抹成斜坡。2）锅炉支架的底座与基础之间的密封砖应砌筑严密，墙的两侧抹水泥砂浆。3）当锅炉安装完毕后，基础的预留孔洞，应砌好并用水泥砂浆抹严。 （6）锅炉安装的坐标、标高、中心线和垂直度的允许偏差应符合规范的规定。 （7）非承压锅炉，应严格按设计或产品说明书的要求施工。锅筒顶部必须敞口或装设大气连通管，连通管上不得安装阀门。 （8）以天然气为燃料的锅炉的天然气释放管或大气排放管不得直接通向大气，应通向储存或处理装置
3	炉排减速机安装	锅炉本体安装	一般整装锅炉的炉排减速机由制造厂装配成整机运到现场进行安装。 （1）开箱点件检查设备，查看零部件是否齐全，根据图纸核对其规格、型号是否符合设计要求。 （2）检查机体外观和零、部件不得有损坏，输出轴及联轴器应光滑，无裂纹、无锈蚀。油杯、扳把等无丢失和损坏。

序号	作业	前置任务	作业控制要点
3	炉排减速机安装	锅炉本体安装	（3）根据需要配备地脚螺栓、斜垫铁等。准备起重和安装所需的工具、量具及其他用品。 （4）减速机就位及找正找平。1）将垫铁放在划好基准线和清理好预留孔的基础上，靠近地脚螺栓预留孔。2）将减速机（带地脚螺栓，螺栓露出螺母1～2扣）吊装在设备基础上，并使减速机纵、横中心线与基础纵、横中心基准线相吻合。3）根据炉排输入轴的位置和标高进行找正找平，用水平仪结合更换垫铁厚度或打入楔形铁的方法加以调整。同时还应对联轴器进行找正，以保证减速机输出轴与炉排输入轴对正同心。用卡箍及塞尺对联轴器找同心。减速机的水平度和联轴器的同心度，两联轴节端面之间的间隙以设备随机技术文件为准。无规定时应符合《机械设备安装工程施工及验收通用规范》GB 50231的相应规定。 （5）设备找平找正后，即可进行地脚螺栓孔灌注混凝土。灌注时应捣实，防止地脚螺栓倾斜。待混凝土强度达到75％以上时，方可拧紧地脚螺栓，在拧紧地脚螺栓时，应进行水平的复核。无误后将机内加足机械油准备试车。

序号	作业	前置任务	作业控制要点
3	炉排减速机安装	锅炉本体安装	（6）减速机试运行：安装完成后，联轴器的连接螺栓暂不安装，先进行减速机单独试车，试车前先拧松离合器的弹簧压紧螺母，将扳把放到空挡位置上，接通电源试电动机。检查电动机运转方向是否正确和有无杂声，正常后将离合器由低速到高速进行试转，无问题后安装好联轴器的螺栓，配合炉排冷态试运行。在运行过程中调整好离合器的螺栓，配合炉排冷态试运行。在运行过程中调整好离合器的压紧弹簧，使其能自动弹起。弹簧不能压得过紧，防止炉排断片或卡住，离合器不能离开，以免把炉排拉坏
4	平台扶梯安装	炉排减速机安装	（1）长、短支撑的安装：先将支撑孔中杂物清理干净，然后安装长短支撑。支撑安装要正，螺栓应涂机油、石墨上拧紧。 （2）平台安装：平台应水平，平台与支撑连接螺栓要拧紧。 （3）平台扶手柱和栏杆安装：平台扶手柱要垂直于平台，螺栓连接要牢固，栏杆搣弯处应一致美观。

序号	作业	前置任务	作业控制要点
4	平台扶梯安装	炉排减速机安装	(4) 安装爬梯、扶手柱及栏杆：先将爬梯上端与平台螺栓连接，找正后将下端焊在锅炉支架板上或耳板上，与耳板用螺栓连接。扶手栏杆有焊接接头时，焊后应光滑
5	省煤器安装	平台扶梯安装	(1) 整装锅炉的省煤器均为整体组件出厂，因而安装时比较简单。安装前要认真检查省煤器管周围嵌填的石棉绳是否严密牢固，外壳箱板是否平整，肋片有无损坏。铸铁省煤器破损的肋片数不应大于总肋片数的 5%，有破损肋片的根数不应大于总根数的 10%。符合要求后方可进行安装。 (2) 省煤器支架安装：1) 清理地脚螺栓孔，将孔内的杂物清理干净，并用水冲洗。2) 将支架安装好地脚螺栓，放在清理好预留孔的基础上，然后调整支架的位置、标高和水平度。3) 当烟道为现场制作时，支架可按基础图找平找正；当烟道为成品组件时，应等省煤器就位后，按照实际烟道位置尺寸找平找正。4) 铸铁省煤器支承架安装的允许偏差应符合规范规定。

序号	作业	前置任务	作业控制要点
5	省煤器安装	平台扶梯安装	(3) 省煤器安装：1) 安装前应进行水压试验，试验压力为 $1.25P+0.5$MPa（P 为锅炉工作压力；对蒸汽锅炉指锅筒工作压力，对热水锅炉指锅炉额定出水压力）。在试验压力下 10min 内压力降不超过 0.02MPa；然后降至工作压力进行检查，压力不降，无渗漏为合格。同时进行省煤器安全阀的调整：安全阀的开启压力应为省煤器工作压力的 1.1 倍，或为锅炉工作压力的 1.1 倍。2) 用三脚桅杆或其他吊装设备将省煤器安装在支架上，并检查省煤器的进口位置、标高是否与锅炉烟气出口相符，以及两口的距离和螺栓孔是否相符。通过调整支架的位置和标高，达到烟道安装的要求。3) 一切妥当后将省煤器下部槽钢与支架焊接在一起。 (4) 灌注混凝土。支架的位置和标高找好后灌注混凝土，混凝土的强度等级应比基础强度等级高一级，并应捣实和养护（拌混凝土时最好用豆石）。 (5) 当混凝土强度达到 75% 以上时，将地脚螺栓拧紧
6	液压传动装置安装	省煤器安装	(1) 对预埋板进行清理和除锈。 (2) 检查和调整，使铰链架纵横中心线与滑轨纵横中心线相符，以确保铰链架的前后位置有较大的调节量，调整后将铰链架的固定螺栓稍加紧固。

序号	作业	前置任务	作业控制要点
6	液压传动装置安装	省煤器安装	（3）把液压缸的活塞杆全部拉出（最大行程），并将活塞杆的长拉脚与摆轮连接好，再把活塞缸与铰链架连接好。然后根据摆轮的位置和图纸的要求把滑轨的位置找正焊牢，最后认真检查调整铰链的位置并将螺栓拧紧。 （4）液压箱安装：按设计位置放好，液压箱内要清洗干净。箱内应加入滤清机械油，冬天采用 10 号机械油，夏天采用 20 号机械油。 （5）安装地下油管：地下油管采用无缝钢管，在现场揻弯和焊接管接头。钢管内应除锈清理干净。 （6）安装高压软管：应安装在油缸与地下油管之间。安装时应将丝头和管接头内铁屑毛刺清除干净，丝头连接处用聚四氟乙烯薄膜或麻丝白铅油做填料，最后安装高压软管。 （7）安装高压铜管：先将管接头分别装在油箱和地下油管的管口上，按实际距离将铜管截断，然后退火揻弯，两端穿好锁母，用扩口工具扩口，最后把铜管安装好，拧紧锁母。 （8）电气部分安装：先将行程撞块和行程开关架装好，再装行程开关。行程开关架安装要牢固。上行程开关的位置，应在摆轮拨爪超过棘轮槽为适宜，下行程开关的位置应定在能使炉排前进 800mm 或活塞不到缸底为宜；定位时可打开摆轮的前盖直观定位。最后进行电气配管、穿线、压线及油泵电动机接线。

序号	作业	前置任务	作业控制要点
6	液压传动装置安装	省煤器安装	(9) 油管路的清洗和试压：1) 把高压软管与油缸相接的一端断开，放在空油桶内，然后起动油泵，调节溢流阀调压手轮，逆时针旋转，使油压维持在 0.2MPa (2kgf/cm²)，再通过人工方法控制行程开关，使两条油管都得到冲洗。冲洗的时间为 15~20min，每条油管至少冲洗 2~3 次。冲洗完毕后把高压软管与油缸装好。2) 油管试压：利用液压箱的油泵即可。起动油泵，通过调节溢流阀的手轮，使油压逐步升到 3.0MPa (30kgf/cm²)，在此压力下活塞动作一个行程，油管、接头和液压缸均无泄漏为合格，并立即把油压调到炉排的正常工作压力。因油压长时间超载会使电机烧毁。炉排正常工作时油泵工作压力如下。1~2t/h 链条炉，油压 0.6~1.2MPa (6~12kgf/cm²)；4t/h 链条炉，油压 0.8~1.5MPa (8~15kgf/cm²)。 (10) 摆轮内部应擦洗后加入适量的 20 号机油，上下铰链油杯中应注满钙基脂。 (11) 液压传动装置冲洗、试压应做记录
7	螺旋出渣机安装	液压传动装置安装	(1) 先将出渣机从安装孔斜放在基础坑内。 (2) 将漏灰接口板安装在锅炉底板的下部。 (3) 安装锥形渣斗，上好渣斗与炉体之间的连接螺栓，再将漏灰板与渣斗的连接螺栓安装好。

序号	作业	前置任务	作业控制要点
7	螺旋出渣机安装	液压传动装置安装	(4) 吊起出渣器的筒体，与锥形渣斗连接好。锥形渣斗下口长方形的法兰与筒体长方形法兰之间要加橡胶垫或油浸扭制的石棉盘根（应加在螺栓内侧），拧紧后不得漏水。 (5) 安装出渣机的吊耳和轴承底座。在安装轴承底座时，要使螺旋轴保持同心并形成一条直线。 (6) 调好安全离合器的弹簧，用扳手扳转蜗杆，使螺旋轴转动灵活。油箱内应加入符合要求的机械油。 (7) 安好后接通电源和水源，检查旋转方向是否正确，离合器的弹簧是否跳动，冷态试车2h，无异常声音、不漏水为合格，并做好试车记录
8	电气控制箱（柜）安装	螺旋出渣机安装	(1) 控制箱安装位置应在锅炉的前方，便于监视锅炉的运行、操作及维修。 (2) 控制箱的地脚螺栓位置要正确，控制箱安装时要找正找平，灌注牢固。 (3) 控制箱装好后，可敷设控制箱到各个电机和仪器仪表的配管，穿导线。控制箱及电气设备外壳应有良好的接地。待各辅机安装完毕后，接通电源

序号	作业	前置任务	作业控制要点
9	钢烟囱安装	电气控制箱（柜）安装	(1) 每节烟囱之间用 $\phi10mm$ 的石棉扭绳做垫料，安装螺栓时螺母在上，连接要严密牢固，组装好的烟囱应基本成直线。 (2) 当烟囱超过周围建筑物时，要安装避雷针。 (3) 在烟囱的适当高度处（无规定时为 2/3 处）安装拉紧绳，最少 3 根，互为 120°。采用焊接或其他方法将拉紧绳的固定装置安装牢固。在拉紧绳距地面不少于 3m 处安装绝缘子，拉紧绳与地锚之间用花篮螺栓拉紧，锚点的位置要合理，应使拉紧绳与地面的斜角少于 45°。 (4) 用吊装设备将烟囱吊装就位，用拉紧绳调整烟囱的垂直度，垂直度的要求为 1/1000，全高不超过 20mm，最后检查接紧绳的松紧度，拧紧绳卡和基础螺栓。 (5) 两台或两台以上燃油锅炉共用一个烟囱时，每 1 台锅炉的烟道上均应配备风阀或挡板装置，并应具有操作调节和闭锁功能
10	锅炉水压试验	钢烟囱安装	(1) 水压试验应报请当地技术监督局有关部门参加。

序号	作业	前置任务	作业控制要点
10	锅炉水压试验	钢烟囱安装	(2) 试验前的准备工作：1) 将锅筒、集箱内部清理干净后，封闭人孔、手孔。2) 检查锅炉本体的管道、阀门有无漏加垫片，漏装螺栓和未紧固等现象。3) 应关闭排污阀、主汽阀和上水阀。4) 安全阀的管座应用盲板封闭，并在一个管座的盲板上安装放水管和放气阀，放气管的长度应超出锅炉的保护壳。5) 锅炉试压管道和进水管道接在锅炉的副汽阀上为宜。6) 应打开锅炉的前后烟箱和烟道的检查门，试压时便于检查。7) 打开副汽阀和放气阀。8) 至少应装两块经计量部门校验合格的压力表，并将其旋塞转到相通位置。 (3) 试验时对环境温度的要求：1) 水压试验应在环境温度（室内）高于+5℃时进行。2) 在气温低于+5℃的环境中进行水压试验时，必须有可靠的防冻措施。 (4) 试验时对水温的要求：1) 水温一般应在20~70℃。2) 水压试验应使用软化水，应保持高于周围环境露点的温度以防锅炉表面结露。3) 无软化水时可用自来水试压；当施工现场无热源时，要等锅炉筒内水温与周围气温较为接近或无结露时，方可进行水压试验。 (5) 锅炉水压试验的压力应符合地方技术监督局的规定。

序号	作业	前置任务	作业控制要点
10	锅炉水压试验	钢烟囱安装	（6）水压试验步骤和验收标准：1）向炉内上水。打开自来水阀门向炉内上水，待锅炉最高点放气管见水无气后关闭放气阀，最后把自来水阀门关闭。2）用试压泵缓慢升压至 0.3～0.4MPa 时，应暂停升压，进行一次检查和必要的紧固螺栓工作。3）待升至工作压力时，应停泵检查各处有无渗漏或异常现象，再升至试验压力后停泵，锅炉应在试验压力下保持20min，然后降至工作压力进行检查。检查期间压力保持不变。达到下列要求为试验合格：①压力不降、不渗、不漏；②观察检查，不得有残余变形；③受压元件金属壁和焊缝上不得有水珠和水雾；④胀口处不滴水珠。4）水压试验结束后，应将炉内水全部放净，以防冻，并拆除所加的全部盲板。5）水压试验结束后，应做好记录，并有参加验收人员签字，最后存档。6）水压试验还应符合地方技术监督局的有关规定
11	炉排冷态试运转	锅炉水压试验	（1）清理炉膛、炉排，尤其是容易卡住炉排的铁块、焊渣、焊条头和铁矿钉等必须清理干净。然后将炉排各部位的油杯加满润滑油。

序号	作业	前置任务	作业控制要点
11	炉排冷态试运转	锅炉水压试验	(2) 机械炉排安装完毕后应做冷态运转试验。炉排冷运转连续不少于 8h，试运速度最少应在两级以上，并进行检查和调整。1) 检查炉排有无卡住和拱起现象，如炉排有拱起现象可通过调整炉排前轴的拉紧螺栓消除。2) 检查炉排有无跑偏现象，要钻进炉膛内检查两侧主炉排片与两侧板的距离是否基本相等。不等时，说明跑偏，应调整前轴相反一侧的拉紧螺栓（拧紧），使炉排走正，如拧到一定程度后还不能纠偏时，还可以稍松另一侧的拉紧螺栓，使炉排走正。3) 检查炉排长销轴与两侧板的距离是否大致相等，通过一字形检查孔，用手锤间接打击过长的，使长销轴与两侧板的距离相等。同时还要检查有无漏装垫圈和开口销。4) 检查主炉排片与链轮啮合是否良好，各链轮齿是否同位，如有严重不同位时，应与制造厂联系解决。5) 检查炉排片有无断裂，有断裂时等到炉排转到一字形检查孔的位置时，停炉排把备片换上，再运转。6) 检查煤闸板吊链的长短是否相等，检查各风室的调节门是否灵活。7) 冷态试运行结束后应填好记录，甲乙双方、监理方签字

10.2 辅助设备及管道安装工序作业要点

卡片编码：供热锅炉 1002，上道工序：锅炉安装。

序号	作业	前置任务	作业控制要点
1	风机安装	技术准备	(1) 基础验收合格，安装垫铁后，将送风机吊装就位（带地脚螺栓），找平找正后进行地脚螺栓孔灌浆。待混凝土强度达到 75% 以上时，再复查风机是否水平，地脚螺栓紧固后进行二次灌浆。混凝土的强度等级应比基础强度等级高一级，灌注捣固时不得使地脚螺栓歪斜，灌注后要养护。 (2) 风机找正找平要求：1) 机壳安装应垂直；风机坐标安装允许偏差为 10mm，标高允许偏差为 +5mm。2) 纵向水平度为 0.2/1000；横向水平度为 0.3/1000。风机轴与电动机轴不同心，径向位移不大于 0.05mm；如用皮带轮连接时，风机和电动机的两皮带轮的平行度允许偏差应小于 1.5mm。两皮带轮槽应对正，允许偏差小于 1mm。 (3) 风管安装：1) 砖砌地下风道，风道内壁用水泥砂浆抹平，表面光滑、严密；风机出口与风管之间、风管与地下风道之间连接要严密，防止漏风。2) 安装烟道时应使之自然吻合，不得强行连接，更不允许将烟道重量压在风机上。当采用钢板风道时，风道法兰连接要严密。应设置安装防护装置。3) 安装调节风门时应注意不要装反，应标明开、关方向。4) 安装调节风门后试拨转动，检查是否灵活，定位是否可靠。

序号	作业	前置任务	作业控制要点
1	风机安装	技术准备	(4) 安装冷却水管：冷却水管应干净、畅通。排水管应安装漏斗，以便于直观出水的大小，出水大小可用阀门调整。安装后应按要求进行水压试验，如无规定时，试验压力不低于0.4MPa。其他要求可参考给水管安装要求。 (5) 轴承箱清洗加油。 (6) 安装安全罩，安全罩的螺栓应拧紧。 (7) 风机试运行：试运行前用手转动风机，检查是否灵活。试运转时关闭调节阀门，接通电源，进行点试，检查风机转向是否正确，有无摩擦和振动现象。起动后再稍开调节门，调节门的开度应使电动机的电流不超过额定电流。运转时检查电动机和轴承升温是否正常。风机试运行不小于2h，并做好运行记录。1) 风机试运转，轴承温升应符合下列规定。①滑动轴承温度最高不得超过 60℃。②滚动轴承温度最高不得超过 80℃。2) 轴承径向单振幅应符合下列规定。①风机转速小于 1000r/min 时，不应超过 0.10mm。②风机转速为 1000～1450r/min 时，不应超过 0.08mm
2	单斗式提升机安装	技术准备	(1) 导轨的间距偏差不大于2mm。 (2) 垂直式导轨的垂直度。偏差不大于1%；倾斜式导轨的倾斜度偏差不大于2%。 (3) 料斗的吊点与料斗重心在同一垂线上，重合度偏差不大于10mm。

序号	作业	前置任务	作业控制要点
2	单斗式提升机安装	技术准备	(4) 行程开关位置应准确，料斗运行平稳，翻转灵活
3	除尘器安装	技术准备	(1) 安装前首先核对除尘器的旋转方向与引风机的旋转方向是否一致，安装位置是否便于清灰、运灰。除尘器落灰口距地面高度一般为0.6～1.0m。检查除尘器内壁耐磨涂料有无脱落。 (2) 安装除尘器支架：将地脚螺栓安装在支架上，然后把支架放在划好基准线的基础上。 (3) 安装除尘器：支架安装好后，吊装除尘器，紧好除尘器与支架连接的螺栓。吊装时根据情况（立式或卧式）可分段安装，也可整体安装。除尘器的蜗壳与锥形体连接的法兰要连接严密，用 $\phi10$ 石棉扭绳做垫料，垫料应加在连接螺栓的内侧。 (4) 烟道安装：先从省煤器的出口或锅炉后烟箱的出口安装烟道和除尘器的扩散管。烟道之间的法兰连接用 $\phi10$ 的石棉扭绳做垫料，垫料应加在连接螺栓的内侧，连接要严密。烟道与引风机连接时应采用软接头，不得将烟道重量压在风机上。烟道安装后，检查扩散管的法兰与除尘器的进口法兰位置是否正确。

序号	作业	前置任务	作业控制要点
3	除尘器安装	技术准备	(5) 检查除尘器的垂直度和水平度：除尘器的垂直度和水平度允许偏差为 1/1000，找正后进行地脚螺栓孔灌浆，混凝土强度达到 75% 以上时，将地脚螺栓拧紧。 (6) 锁气器安装：锁气器是除尘器的重要部件，是保证除尘器效果的关键部件之一，因此，锁气器的连接处和舌形板接触要严密，配重或挂环要合适。 (7) 除尘器应按图纸位置安装，安装后再安装烟道；设计无要求时，弯头（虾米腰）的弯曲半径不应小于管径的 1.5 倍；不得大于 20°
4	水处理设备安装	技术准备	(1) 炉运行应用软化水。 (2) 低压锅炉的炉水处理一般采用钠离子交换水处理方法。多采用固定床顺流再生、逆流再生和浮动床三种工艺。 (3) 离子交换器安装前，先检查设备表面有无撞痕，罐内防腐有无脱落，如有脱落，应做好记录，采取措施后再安装。为防止树脂流失，应检查布水嘴和孔板垫布有无损坏，如损坏应更换。 (4) 钠离子交换器安装：将离子交换器吊装就位，找平、找正。视镜应安装在便于观看的方向，罐体垂直允许偏差为 2/1000。在吊装时要防止损坏设备。

序号	作业	前置任务	作业控制要点
4	水处理设备安装	技术准备	(5) 设备配管：一般采用镀锌钢管或塑料管，采用螺纹连接，接口要严密。所有阀门安装的标高和位置应便于操作，配管的支架严禁焊接在罐体上。 (6) 配管完毕后，根据说明书进行水压试验。检查法兰、视镜、管道接口等，以无渗漏为合格。 (7) 装填树脂时，应根据说明书，先进行冲洗后再装入罐内。树脂层装填高度按设备说明书要求进行。 (8) 盐水箱（池）安装：如用塑料制品，可按图纸位置放好即可；如用钢筋混凝土浇筑或砖砌盐池，应分为溶池和配比池两部分，无规定时，一般底层用 20~50mm 厚的木板，并在其上打出 ϕ8mm 的孔，孔距为 5mm，木板上铺 200mm 厚的石英石，粒度为 ϕ10~ϕ20mm，石英石上铺上 1~2 层麻袋布
5	水泵安装	技术准备	(1) 将水泵吊装就位，找平找正。与基准线相吻合，泵体水平度（1m）0.1mm，然后进行灌浆。 (2) 联轴器找正。泵与电机轴的同心度：轴向倾斜（1m）0.8mm；径向位移 0.1mm。 (3) 手摇泵应垂直安装。安装高度如设计无要求时，泵中心距地面为 800mm。 (4) 水泵安装后外观质量检查：泵壳不应有裂纹、砂眼及凹凸不平等缺陷；多级泵的平衡管路应无损伤或折痕现象；蒸汽往复泵的主要部件、活塞及活动轴必须灵活。

序号	作业	前置任务	作业控制要点
5	水泵安装	技术准备	(5) 轴承箱清洗加油。 (6) 水泵试运转。1) 电动机试运转，确认转动无异常现象、转动方向无误。2) 安装联轴器的连接螺栓：安装前应用手转动水泵轴，应转动灵活无卡阻、杂声及异常现象，然后再连接联轴器的螺栓。3) 泵启动前应先关闭出口阀门（以防起动负荷过大），然后启动电动机，当泵达到正常运转速度时，逐步打开出口阀门，使其保持工作压力。检查水泵的轴承温度（不超过外界温度 35℃，其最高温度不应大于75℃），轴封是否漏水、漏油。
6	箱、罐等静态设备安装	技术准备	(1) 敞口箱、罐安装前应做满水试验，满水试验满水后静置 24h 不渗、不漏为合格。密闭箱、罐，如设计无要求，应以工作压力的 1.5 倍做水压试验，但不得小于 0.4MPa，在试验压力下 10min 内无压降，不渗、不漏为合格。 (2) 地下直埋油罐在埋地前应做气密性试验，试验压力不应小于 0.03MPa。在试验压力下观察 30min 不渗、不漏、无压降为合格。 (3) 分汽缸（分水器、集水器）安装前应进行水压试验，试验压力为工作压力的 1.5 倍，但不得小于 0.6MPa。试验压力下 10min 内无压降、无渗漏为合格。分汽缸一般安装在角钢支架上，安装位置应有 0.005 的坡度，分汽缸的最低点应安装疏水器。

序号	作业	前置任务	作业控制要点
6	箱、罐等静态设备安装	技术准备	（4）注水器安装高度，如设计无要求时，中心距地面为 1.0～1.2m，固定应牢固。与锅炉之间装好逆止阀，注水器与逆止阀的安装间距应保持在 150～300mm 的范围内。 （5）除污器安装。1）除污器应装有旁通管（绕行管），以便在系统运行时，对除污器进行必要的检修。2）因除污器重量较大，应安装在专用支架上。3）除污器安装方向必须正确。系统试压与冲洗后，应予以清扫。 （6）热力除氧器和真空除氧器的排气管应通向室外，直接排入大气
7	管道、阀门和仪表安装	技术准备	（1）连接锅炉及辅助设备的工艺管道安装完毕后，必须进行系统的水压试验，试验压力为系统最大工作压力的 1.5 倍。在试验压力 10min 内压力降不超过 0.05MPa，然后降至工作压力进行检查，不渗、不漏为合格。 （2）管道连接的法兰、焊缝和连接管件以及管道上的仪表、阀门的安装位置应便于检修，并不得紧贴墙壁、楼板或管架
8	设备管道防腐	技术准备	在涂刷油漆前，必须清除管道及设备表面的灰尘、污垢、锈斑、焊渣等物。涂漆的厚度应均匀，不得有脱皮、起泡，流淌和漏涂等缺陷

10.3 安全附件安装工序作业要点

卡片编码：供热锅炉 1003，上道工序：辅助设备与管道安装。

序号	作业	前置任务	作业控制要点
1	安全阀安装	锅炉本体安装	(1) 额定蒸发量大于 0.5t/h 的锅炉最少设两个安全阀（不包括省煤器）；额定蒸发量小于或等于 0.5t/h 锅炉，至少设一个安全阀。 (2) 额定热功率大于 1.4MW（即 120×104kcal/h）的锅炉，至少应装设两个安全阀；额定热功率小于或等于 1.4MW 的锅炉至少应装设一个安全阀。 (3) 额定蒸汽压力小于 0.1MPa 的锅炉应采用静重式安全阀或水封安全装置。 (4) 安全阀应在锅炉水压试验合格后再安装。水压试验时安全阀管座可用盲板法兰封闭，试完压后应立即将其拆除。 (5) 蒸汽锅炉安全阀应安装排汽管直通室外安全处，排汽管的截面积不应小于安全阀出口的截面积。排汽管应坡向室外并在最低点的底部装泄水管，并接到安全处。热水锅炉安全阀泄水管应接到安全地点。排汽管和排水管上不得装阀门。

序号	作业	前置任务	作业控制要点
1	安全阀安装	锅炉本体安装	（6）安全阀应垂直安装，并装在锅炉锅筒、集箱的最高位置。在安全阀和锅炉之间或安全阀和集箱之间，不得装有取用蒸汽的汽管和取用热水的出水管，并不许装阀门。 （7）安全阀在锅炉负荷试运行时应进行热态定压检验和调整
2	水位表安装	锅炉本体安装	（1）每台锅炉至少应装两个彼此独立的水位表。但额定蒸发量小于或等于 0.2t/h 的锅炉可以装一个水位表。 （2）水位表安装前应检查旋塞转动是否灵活，填料是否符合使用要求；不符合要求时应更换填料。水位表的玻璃管或玻璃板应干净透明。 （3）安装水位表时，应使水位表的两个表口保持垂直和同心，填料要均匀，接头应严密。 （4）水位表的泄水管应接到安全处。当泄水管接至安装有排污管的漏斗时，漏斗与排污管之间应加装阀门，防止锅炉排污时从漏斗冒汽伤人。 （5）当锅炉装有水位报警器时，报警器的泄水管可与水位表的泄水管接在一起，但报警器泄水管上应单独安装一个截止阀，绝不允许在合用管段上仅装一个阀门。

序号	作业	前置任务	作业控制要点
2	水位表安装	锅炉本体安装	(6) 水位表安装完毕后，应划出最高、最低水位的明显标志。水位表玻璃管（板）上的下部可见边缘应比最低安全水位至少低 25mm；水位表玻璃管（板）上的上部可见边缘比最高安全水位至少应高 25mm。 (7) 水位表应装于便于观察的地方。采用玻璃管水位表时应装有防护罩，防止损坏伤人。 (8) 采用双色水位表时，每台锅炉只能装一个，另一个装普通（五色的）水位表
3	压力表安装	锅炉本体安装	(1) 弹簧管压力表安装：1) 工作压力小于 1.25MPa 的锅炉，压力表精度不应低于 2.5 级。2) 出厂时间超过半年的压力表，应经计量部门重新校验，合格后进行安装。3) 表盘刻度为工作压力的 1.5～3 倍（宜选用 2 倍工作压力），锅炉本体的压力表公称直径不应小于 150mm，表体位置端正，便于观察。4) 压力表必须安装在便于观察和吹洗的位置，并防止受高温、冰冻和振动的影响，同时要有足够的照明。5) 压力表必须设有存水弯。存水弯管采用钢管摵制时，内径不应小于 10mm；采用铜管摵制时，内径不应小于 6mm。6) 压力表与存水弯管之间应安装三通旋塞。7) 压力表应垂直安装，垫片要规整，垫片表面应涂机油石墨，丝扣部分涂白铅油，连接要严密。安装完后在表盘上或表壳上划出明显的标志，标出最高工作压力。

序号	作业	前置任务	作业控制要点
3	压力表安装	锅炉本体安装	(2) 电接点压力表安装同弹簧管式压力表，要求如下。1) 报警：把上限指针定位在最高工作压力刻度位置，当活动指针随着压力增高与上限指针接触时，与电铃接通进行报警。2) 自控停机：把上限指针定在最高工作压力刻度上，把下限指针定在最低工作压力刻度上，当压力增高使活动指针与上限指针相接触时可自动停机。停机后压力逐渐下降，降到活动指针与下限指针接触时能自动起动，使锅炉继续运行。3) 应定期进行试验，检查其灵敏度，有问题时，应及时处理。 (3) 测压仪表取源部件在水平工艺管道上安装时，取压口的方位应符合下列规定：1) 测量液体压力的，在工艺管道的下半部与管道水平中心线成0°～45°夹角范围内。2) 测量蒸汽压力的，在工艺管道上半部或下半部与管道水平中心线成0°～45°夹角范围内。3) 测量气体压力的，在工艺管道的上半部
4	温度表安装	锅炉本体安装	(1) 安装在管道和设备上的套管温度计，底部应插入流动介质内，不得装在引出的管段上或死角处。 (2) 内标式温度表安装：温度表的丝扣部分应涂白铅油，密封垫应涂机油石墨，温度表的标尺应朝向便于观察的方向。底部应加入适量导热性能好，不易挥发的液体或机油。

序号	作业	前置任务	作业控制要点
4	温度表安装	锅炉本体安装	（3）压力式温度表安装：温度表的丝接部分应涂白铅油，密封垫涂机油石墨，温度表的感温器端部应装在管道中心，温度表的毛细管应固定好，并有保护措施，其转弯处的弯曲半径不应小于50mm，温包必须全部浸入介质内。多余部分应盘好固定在安全处。温度表的表盘应安装在便于观察的位置。安装完后应在表盘上或表壳上划出最高运行温度的标志。 （4）压力式电接点温度表的安装：与压力式温度表安装相同。报警和自控同电接点压力表的安装。 （5）热电偶温度计的保护套管应保证规定的插入深度。 （6）温度计与压力表在同一管道上安装时，按介质流动方向温度计应在压力表下游处安装，如温度计需在压力表的上游安装时，其间距不应小于300mm

10.4 烘炉、煮炉和试运行工序作业要点

卡片编码：供热锅炉1004，上道工序：安全附件安装。

序号	作业	前置任务	作业控制要点
1	烘炉应具备的作业条件	技术准备	(1) 锅炉本体及工艺管道全部安装完毕，水压试验合格，防腐及保温工作完成。 (2) 炉排试车完毕。 (3) 锅炉的辅助设备，如水处理设备、化验设备、水泵等已达到使用要求。 (4) 锅炉辅机，包括送风机、引风机、出渣机、除尘器及电气控制仪表安装完毕并调试合格。 (5) 对所有设备的油箱、油杯加满润滑油。 (6) 编制烘炉方案及烘炉升温曲线，选好炉墙测温点，准备好测温仪表和记录表格。 (7) 准备好适量的木柴和燃煤，木柴上不能带有铁钉或其他金属材料
2	烘炉	烘炉准备	(1) 整体快装锅炉一般采用轻型炉墙，根据炉墙潮湿程度，般应烘烤时间为4～6d，升温应缓慢。 (2) 关闭排污阀、主汽阀、副汽阀和水位表的泄水阀。打开上水系统的阀门，如有省煤器时，开启省煤器循环管阀门，将合格软化水上至比锅炉正常水位稍低位置。 (3) 打开炉门、烟道闸板，开启引风机，强制通风5min，以排除炉膛和烟道的潮气和灰尘，然后关闭引风机。 (4) 打开炉门和点火门，在炉排前部1.5m范围内铺上厚度为30～50mm的炉渣，在炉渣上放置木柴和引燃物。点燃木柴，小火烘烤。火焰应在炉膛中央燃烧，自然通风，缓慢升温。第一天不得超过80℃；后期烟温不应高于160℃，且持续时间不应少于24h。烘烤约2～3d。

序号	作业	前置任务	作业控制要点
2	烘炉	烘炉准备	(5) 木柴烘烤后期，逐渐添加煤炭燃料，并间断开启引风和适当鼓风，使炉膛温度逐步升高，同时间断开动炉排，防止炉排过烧损坏，烘炉约为1~3d。 (6) 整个烘炉期间要注意观察炉墙、炉拱情况，按时做好温度记录，最后画出实际升温曲线图。 (7) 注意事项：1) 火焰应保持在炉膛中央，燃烧均匀，升温缓慢，不能时旺、时弱。烘炉时锅炉不带压。2) 烘炉期间应注意及时补给软水，保持锅炉正常水位。3) 烘炉中后期应适量排污，每6~8h可排污一次，排污后及时补水。4) 煤炭烘炉时应尽量减少炉门、看火门开启次数，防止冷空气进入炉膛内，使炉膛产生裂损。 (8) 烘炉结束后应符合下列规定：1) 炉墙经烘烤后没有变形、裂纹及塌落现象。2) 炉墙砌筑砂浆含水率达到7%以下
3	煮炉	烘炉	(1) 为了节约时间和燃料，在烘炉末期进行煮炉。非砌筑或浇筑保温材料的锅炉，安装后可直接进行煮炉。煮炉时间一般为2~3d。 (2) 一般采用碱性溶液煮炉，加药量根据锅炉锈蚀、油污情况及锅炉水容量而定。

序号	作业	前置任务	作业控制要点
3	煮炉	烘炉	(3) 将两种药品按用量配好后，用水溶解成液体，从安全阀座处，缓慢加入锅筒内，然后封闭安全阀。操作人员要采取有效防护措施防止化学药品腐蚀。加药时，炉水加至低水位。 (4) 升压煮炉：加药后间断开动引风机，适量鼓风使炉膛温度和锅炉压力逐渐升高，进入升压煮炉。在达到锅炉额定压力的 25%、50%、75% 时分别连续煮炉 12h 后停火，煮炉结束。 (5) 煮炉结束后，待锅炉蒸汽压力降至零，水温低于 70℃时，方可将炉水放掉，换水冲洗。待锅炉冷却后，打开人孔和手孔，彻底清除锅筒和集箱内部的沉积物，并用清水冲洗干净，检查锅炉和集箱内壁，无油垢、无锈斑、有金属光泽为煮炉合格。煮炉结束后炉墙砂浆含水率达到 2.5% 以下。 (6) 最后经有关方共同检验，确认合格，并在检验记录上签字盖章后，方可封闭人孔和手孔。 (7) 关闭排污阀，打开排气阀，将锅炉上满软化水，准备试运行
4	锅炉试运行及安全阀定压	煮炉	锅炉在烘炉煮炉合格后，正式运行之前应进行 48h 的带负荷连续运行，同时将安全阀定压。

序号	作业	前置任务	作业控制要点
4	锅炉试运行及安全阀定压	煮炉	(1) 锅炉试运行应具备下列条件。1) 热水锅炉注满水；蒸汽锅炉达到规定的低水位；水质符合要求。2) 准备充足的燃煤、供水、供电、运煤。除渣系统均能满足锅炉满负荷连续试运行的需要。3) 对于单机试车、烘炉煮炉中发现的问题或故障，应全部进行排除、修复或更换。4) 与锅炉房外供热管道隔断。5) 由具有合格证的司炉工、化验员负责操作，并在运行前熟悉各系统流程，操作中严格执行操作规程。6) 试运行工作应由甲乙双方配合进行。 (2) 点火运行：打开炉膛门、烟道门自然通风10～15min。添加燃料及引火木柴，然后点火，开大引风机调节阀，使木柴引燃后关小引风机的调节阀，间断开启引风机，使火燃烧旺盛，而后手工加煤并开启送风机，当燃煤燃烧旺盛时可关闭点火门向煤斗加煤，间断开动炉排。此时应观察燃烧情况进行适当拨火，使煤能连续燃烧。同时调整鼓风量和引风量，使炉膛内维持 2～3mm 水柱的负压。使煤逐步正常燃烧。 (3) 升火时炉膛温升不宜太快，避免锅炉受热不均产生较大的热应力影响锅炉寿命。一般情况从点火到燃烧正常，时间不得小于 3～4h。 (4) 升火后应注意水位变化，炉水受热后水位会上升，超过最高水位时，通过排污保持水位正常。

序号	作业	前置任务	作业控制要点
4	锅炉试运行及安全阀定压	煮炉	（5）当锅炉压力升至 0.05～0.1MPa 时，应进行压力表弯管和水位表的冲洗工作。以后每班冲洗一次。 （6）当锅炉压力升至 0.3～0.4MPa 时，对锅炉范围内的法兰、人孔、手孔和其他连接螺栓进行一次热状态下的紧固。随着压力升高，注意观察锅筒、联箱、管道及支架的热膨胀是否正常。 （7）安全阀定压。1）试运行正常后，可进行安全阀的调整定压工作。安全阀的定压必须在锅监所有关人员的监督下由有资质的检测单位进行，并出具检测报告。2）锅炉装有两个安全阀的，一个按中较高值调整，另一个按较低值调整。先调整锅筒上开启压力较高的安全阀，然后再调整开启压力较低的安全阀。3）对弹簧式安全阀，先拆下安全阀的阀帽的开口销，取下安全阀提升手柄和安全阀的阀帽，用扳手松开紧固螺母，调松调整螺杆，放松弹簧，降低安全阀的排汽压力，然后逐渐由较低压力调整到规定压力，当听到安全阀有排气声而不足规定开启压力值时，应将调整杆顺时针转动压紧弹簧，这样反复几次，逐步将安全阀调整到规定的开启压力。在调整时，观察压力表的人与调整安全阀的人要配合好，当弹簧调整到安全阀能在规定的开启压力下自动排汽时，就可以拧紧紧固螺母。

序号	作业	前置任务	作业控制要点
4	锅炉试运行及安全阀定压	煮炉	4）对杠杆式安全阀，要先松动重锤的固定螺栓，再慢慢移动重锤，移远为加压，移近为降压，当重锤移到安全阀能在规定动作的开启压力下自动排汽时，就可以拧紧重锤的固定螺栓。5）省煤器安全阀的调整定压，将锅炉给水阀临时关闭，靠给水泵升压，通过调节省煤器循环管阀门来控制安全阀开启压力。当锅炉需上水时，应在锅炉上水后再进行调整。安全阀调整完毕，应及时把锅炉给水阀门打开。6）定压工作完成后，应做一次安全阀自动排汽试验，启动合格后应铅封。同时将始启压力、起座压力、回座压力记入《锅炉安装质量证明书》中。7）安全阀定压调试应有两人配合操作，严防蒸汽冲出伤人及高空坠落事故的发生。8）安全阀定压调试记录应有甲乙双方、监理及锅检部门共同签字确认。9）要保持正常水位，防止缺水和满水事故。 （8）安全阀调整完毕后，锅炉应带负荷连续试运行48h，以锅炉及全部辅助设备运行正常为合格
5	总体验收	锅炉试运行及安全阀定压	在锅炉试运行末期，建设单位、安装单位、监理单位和当地技术监督部门、环保部门共同对锅炉及辅助设备进行总体验收。总体验收时应进行下列几个方面的检查：

序号	作业	前置任务	作业控制要点
5	总体验收	锅炉试运行及安全阀定压	(1) 检查锅炉、锅炉房设备及管道的安装记录、质量检验记录。 (2) 检查锅炉、辅助设备及管道安装是否符合设计要求。热力设备和管道的保温、刷油是否合格。 (3) 检查各安全附件安装是否合理、正确、安全、可靠；压力容器有无合格证明。 (4) 锅炉房电气设备安装是否合理正确，安全可靠；自动控制、信号系统及仪表是否调试合格，灵敏可靠。 (5) 检查上煤、燃烧、除渣系统的运行情况；检查除尘设备的效果和锅炉辅助设备噪声是否达到规定要求。 (6) 检查水处理设备及给水设备的安装质量，查看水质是否符合低压锅炉水质标准。 (7) 检查烘炉、煮炉、安全阀调试记录，了解试运行时各项参数能否达到设计要求。 (8) 总体验收合格后，由安装单位按照有关要求整理竣工技术文件，并向建设单位移

10.5 换热站安装工序作业要点

卡片编码：供热锅炉 1005，上道工序：土建交接。

序号	作业	前置任务	作业控制要点
1	热交换器安装	技术准备	(1) 对热交换器按压力容器的技术规定进行检查验收。 (2) 组织各方进行设备基础复查，并形成验收记录。 (3) 设备支架制作安装。 (4) 整体换热器安装：根据现场条件采用叉车、滚杠等将换热器运到安装部位；采用汽车吊、拔杆、悬吊式滑轮组等设备机将换热器吊到预先准备好的支架或支座上，同时进行设备的定位复核。 (5) 组装式换热器安装：1) 由于组装换热器各部件的重量较小，一般采用拔杆吊装。2) 组装的顺序一般是由下向上，先主件后副件。先将主部件放到支架上，按安装尺寸调整好位置和方向，再吊装副件进行连接。3) 组装换热器的各部件间大多是法兰连接，法兰连接工艺同法兰阀门安装，根据介质的温度和压力确定密封件。4) 在组对部件时要同时关注几个法兰的对口情况，以保证全部接口的正确和严密，同时也要保证换热器整体的水平度和垂直度。 (6) 对热交换器以最大工作压力的 1.5 倍做水压试验，蒸汽部分应不低于蒸汽供汽压力加 0.3MPa；热水部分应不低于 0.4MPa。在试验压力下，保持 10min 压力不降为合格。 (7) 壳管式热交换器的安装，如设计无要求时，其封头与墙壁或屋顶的距离不得小于换热管的长度。

序号	作业	前置任务	作业控制要点
1	热交换器安装	技术准备	(8) 管道连接和仪表安装：各种控制阀门应布置在便于操作和维修的部位。仪表安装位置应便于观察和更换。交换器蒸汽入口处按要求装设减压装置。交换器上应装压力表和安全阀。回水入口应设置温度计，热水出口设温度计和放气阀
2	闭式膨胀水罐装置安装	技术准备	(1) 闭式膨胀水罐装置包括：闭式膨胀水罐、补水泵、安全阀、电接点压力表、超压报警器、电磁阀、软化水箱或软化水池等。闭式膨胀水罐有立式和卧式两种。 (2) 闭式膨胀水罐的安装与立式换热器的安装方法相同。 (3) 闭式膨胀水罐本体必须以工作压力的 1.5 倍做水压试验，但不得低于 0.4MPa。在试验压力下，保持 10min 压力不降、无渗漏为合格。 (4) 正确选定初始压力、终止压力、安全阀的启闭压力、电接点压力表的两个触点压力和超压报警压力等参数。这些压力参数应由设计和生产厂家技术部门共同研究确定，并写入设计资料。 (5) 按设计要求和生产厂家安装使用说明书的要求进行安装和调试，并做好调试记录。安全阀的定压必须由有资质的检测单位进行，并出具检测报告
3	辅助设备安装	技术准备	分汽缸、分水器、集水器、水处理设备、水泵、除污器等设备安装见辅助设备及管道安装工序作业要点

序号	作业	前置任务	作业控制要点
4	热交换站试运行	设备安装	(1) 热交换站的试运行是在安装和单机试运转基础上进行的带负荷的联合试运转。在联合试运转前应先行办理交工验收手续。 (2) 建设单位组织施工、设计单位参加,进行热交换站带负荷联合试运转。 (3) 热交换站试运行前的准备:1)热交换站内设备及管道均已安装完毕;设备已进行过单机水压试验或试运行,并有经各有关方会签的试验或试运转记录;管道已按系统进行了水压试验和管道冲洗,并有水压试验记录和冲洗记录;水箱已进行了灌水试验,有记录。2)热交换站内设备和管道上的仪表已安装齐全,仪表的检定资料已检查通过,仪表的初始值已经校对正确。3)热交换站所需的给水、排水、热力、电力、通信外线系统已经形成,并经各种测试合格,其中电话已经开通,排水已经接通并允许排入,给水已经可以进入室内,电力外线已供电,照明系统已经试验可正常照明;热力一次管网已经开通到热力站的总阀;热力二次管网有一个以上的系统环路准备好接受热力站供热。4)编制详细的试运转方案,并报批。 (4) 热交换站的试运转内容(以水—水热交换站为例)。1)软化水系统的调试:调整软化罐内树脂量,用自来水进行清洗,测试水质,当水质符合标准后将水放入软化水箱,记录软化水水表的读数;检查给水排水系统工作情况。

序号	作业	前置任务	作业控制要点
4	热交换站试运行	设备安装	2）启动补水泵，将软化水箱的软化水注入二次热水管道。注水范围应包括热交换站内的二次热水管道和二次管网中准备供热的系统。注水时注意排气。当室内外均充满水后；关闭所有放气阀，开启外网系统末端的循环管阀门。3）当二次热水系统有高位膨胀水箱时，进行水位自动控制装置的调试，最后将膨胀水箱水位调整到停泵的位置；当二次热水系统设置低位膨胀水罐时，调整水罐压力、安全阀、电磁阀等，最后将膨胀水罐的压力调整到初始压力。4）关闭二次热水的循环泵的出口阀门，开启泵，正常后逐渐开循环泵的出口阀，使二次热水管路系统的水路运转起来；检查水泵出入口阀门、仪表工作情况。5）取得供热单位同意后，开启一次热网的入站总阀，使一次热供入热交换站。通常先开回水管总阀，热水由回水管压入集水缸；再开供水总阀，热水供到分水缸；检查分（集）水缸的阀门和仪表工作情况；再按系统成对开启分水缸和集水缸上的阀门；先开供水阀，同时打开热交换站内一次水系统设备和管道的放气阀，直至见水；再逐渐开启回水阀，使一次水系统的水开始循环，二次水的温度将开始上升。手动调节分水缸出水阀，以调节二次水温升的速度；再调整电磁阀的温度控制值，使电磁阀投运，自动调节阀门的开启程度。检查一次热网的压力和流量及仪表工作情况。

序号	作业	前置任务	作业控制要点
4	热交换站试运行	设备安装	（5）热交换站试运转的要求：1）在二次热网有用热的条件时，进行连续24h运转；做出全部运行记录，包括热力站内所有温度、压力、流量、水泵转速及相关的电压、电流情况记录。2）由建设、设计、安装单位共同对试运转的情况和各项记录进行分析，得出试运转合格的结论，以证明该热交换站建设合格，可以投入使用